**Berichte aus dem
Institut für Umformtechnik
der Universität Stuttgart**

**Herausgeber:
Prof. em. Dr.-Ing. Dr. h.c. K. Lange**

115

Christian Weist

Verschleißminderung an Werkzeugen der Kaltmassivumformung durch Ionenstrahltechniken

Mit 86 Abbildungen und 9 Tabellen

Springer-Verlag
Berlin Heidelberg GmbH 1992

Dipl.-Phys. Christian Weist
Institut für Umformtechnik
Universität Stuttgart

Dr.-Ing. Dr. h. c. Kurt Lange
o. Professor em. an der Universität Stuttgart
Institut für Umformtechnik

D 93

ISBN 978-3-540-55453-0   ISBN 978-3-662-10781-2 (eBook)
DOI 10.1007/978-3-662-10781-2

Gesamtherstellung: Copydruck GmbH, Heimsheim
2362/3020—6 5 4 3 2 1 0

GELEITWORT DES HERAUSGEBERS

Die Umformtechnik zeichnet sich durch sehr gute Werkstoffaus-
wertung und hohe Mengenleistung in der Serienfertigung gegenüber anderen Fertigungsverfahren aus, wobei Beibehaltung der
Masse, Änderung der Festigkeitseigenschaften während eines Vor-
gangs und elastische Rückfederung der Werkstücke nach einem
Vorgang wesentliche Merkmale sind. Weiter sind die benötigten
Kräfte, Arbeiten und Leistungen sehr viel größer als z.B. bei
spanenden Verfahren. Die sichere Beherrschung eines Verfahrens
in der industriellen Fertigung und die zunehmende Forderung
nach Vermeidung bzw. Minimierung spanender Nacharbeit erzwingen
die geschlossene Betrachtung des Systems "Umformende Fertigung"
unter zentraler Berücksichtigung plastizitätstheoretischer,
werkstoffkundlicher und tribologischer Grundlagen.

Das Institut für Umformtechnik der Universität Stuttgart stellt
entsprechend Forschung und Entwicklung zum einen auf die Erar-
beitung von Grundlagenwissen in diesen Bereichen ab, zum anderen
untersucht und entwickelt es Verfahren unter Anwendung speziel-
ler Meßtechniken mit dem Ziel einer genauen quantitativen Ermittlung des Einflusses der Parameter von Vorgang, Werkstoff,
Werkzeug und Maschine. Die Behandlung von Problemen des Maschi-
nenverhaltens, der Maschinenkonstruktion sowie der Werkzeugaus-
legung und -beanspruchung, der Auswahl hochbeanspruchbarer,
verschleißfester Werkzeugbaustoffe und schließlich der Tribologie gehört entsprechend ebenfalls zum Arbeitsgebiet, das
durch die Erfassung organisatorischer und betriebswirtschaft-
licher Fragen abgerundet wird.

Im Rahmen der "Berichte aus dem Institut für Umformtechnik" er-
scheinen in zwangloser Folge jährlich mehrere Bände, in denen
über einzelne Themen ausführlich berichtet wird. Dabei handelt
es sich vornehmlich um Abschlußberichte von Forschungsvorhaben,
Dissertationen, aber gelegentlich auch um andere Texte. Diese
Berichte sollen den in der Praxis stehenden Ingenieuren und
Wissenschaftlern zur Weiterbildung dienen und eine Hilfe bei
der Lösung umformtechnischer Aufgaben sein. Für die Studieren-
den bieten sie die Möglichkeit zur Vertiefung der Kenntnisse.

den bieten sie die Möglichkeit zur Vertiefung der Kenntnisse.
Die seit zwei Jahrzehnten bewährte freundschaftliche Zusammen-
arbeit mit dem Springer-Verlag sehe ich als beste Voraussetzung
für das Gelingen dieses Vorhabens an.

                                   Kurt Lange

Vorwort

Die vorliegende Arbeit entstand während meiner Tätigkeit als wissenschaftlicher Mitarbeiter am Institut für Umformtechnik der Universität Stuttgart.

Herrn Professor Dr.-Ing. Dr. h. c. Kurt Lange danke ich herzlich für das mir entgegengebrachte Vertrauen, seine großzügige Förderung und seine Unterstützung bei der Anfertigung dieser Arbeit.

Herrn Prof. Dr. rer. nat. Gerhard K. Wolf bin ich für sein Interesse an der Arbeit sowie für wertvolle Diskussionen und Anregungen dankbar.

Weiterhin möchte ich Herrn Prof. Dr.-Ing. Klaus Pöhlandt für die Betreuung und kritische Durchsicht der Arbeit danken. Ebenso gilt mein Dank allen Mitarbeiterinnen und Mitarbeitern des Institutes für Umformtechnik, die durch ihre Hilfe zum Gelingen der Arbeit beigetragen haben.

Mein Dank gilt ferner Herrn Dr. rer. nat. Peter Ballhause, Leybold AG, Hanau, zum Zeitpunkt der Untersuchungen Mitarbeiter am Physikalisch-Chemischen Institut — Radiochemie — der Universität Heidelberg, für die Durchführung der Ionenstrahlbehandlungen und Härtemessungen sowie seine Unterstützung bei der Verschleißmessung mit Hilfe des Dünnschichtdifferenzverfahrens und Herrn Dipl.-Phys. Roland Leutenecker, Fraunhofer-Institut für Festkörpertechnologie, München, für die Durchführung der Tiefenprofilanalysen.

Herrn Dr.-Ing. Klaus Keller, Verschleiss-Schutz-Technik Dr. Ing. Klaus Keller, Schopfheim, danke ich für die Beschichtung von Werkzeugen, die Durchführung von Wärmebehandlungen und das Oberflächenfinishen von Werkzeugen.

Die Durchführung dieser Untersuchung wurde im Rahmen des Verbundprojektes „Oberflächenvergütung durch Ionenimplantation" vom Bundesministerium für Forschung und Technologie über den Projektträger KFA Jülich gefördert, wofür an dieser Stelle gedankt sei.

Kaarst-Büttgen, im November 1991

Christian Weist

Inhaltsverzeichnis

Begriffe und Formelzeichen

a	Jahr
d	Durchmesser
D_W	Verschleiß-Durchsatzmenge
dpa	displacements per atom
E_α	Energie von α-Teilchen
E_d	Deuteronenenergie
ε_A	Relative Querschnittänderung
F_N	Normalkraft
φ	Umformgrad
h	Höhe
h	Stunde
H	Hub
ΔH_f	Bildungsenthalpie
HK	Knoophärte
HRC	Rockwellhärte C
k	Völligkeitsgrad
ℓ	Länge
λ	Leeregrad
λ_{pm}	gemittelter Profilleeregrad
n	Stückzahl
n_K	Hubzahl
r	Radius
R	kovalentes Radienverhältnis Metalloid-/Metallatom
R_a	Mittenrauhwert
R_p	projizierte mittlere Reichweite
ΔR_p	projizierte Standardabweichung
R_p	Glättungstiefe
R_{pm}	gemittelte Glättungstiefe
R_t	maximale Rauhtiefe
R_{zDIN}	gemittelte Rauhtiefe
RA	Restaustenitgehalt
s	Weg
T	Temperatur
t_B	Beanspruchungsdauer
ϑ	Temperatur
ϑ_A	Anlaßtemperatur
ϑ_A^*	Anlaßtemperatur für die ionenimplantierte Randzone
ϑ_H	Härtetemperatur
v	Geschwindigkeit
W_ℓ	linearer Verschleißbetrag
$W_{\ell/s}$	lineares Verschleiß-Weg-Verhältnis, lineare Verschleißintensität (Verschleißrate)
$W_{\ell/z}$	lineares Verschleiß-Durchsatz-Verhältnis (Verschleißrate)

W_m	massenmäßiger Verschleißbetrag
$W_{m/z}$	massenmäßiges Verschleiß-Durchsatz-Verhältnis (Verschleißrate)
W_q	planimetrischer Verschleißbetrag
W_r	relative Verschleißrate
W_V	volumetrischer Verschleißbetrag
$W_{V/z}$	volumetrisches Verschleiß-Durchsatz-Verhältnis (Verschleißrate)
x_i	Konzentration der Komponente i
z	Durchsatz

<u>Abkürzungen</u>

AES	Auger-Elektronenspektroskopie
CEMS	Konversionselektronen-Mößbauerspektroskopie
CVD	Chemical Vapour Deposition
DS_s	sichtbare Diffusionsschicht
DTT	Dosis-Temperatur-Transformation
DDV	Dünnschichtdifferenzverfahren
ESCA	Electron Spectroscopy for Chemical Analysis (Photoelektronenspektroskopie)
GKZ	Glühen auf kugeligen Zementit
IBAD	Ion Beam Assisted Deposition
IBM	Ion Beam Mixing
ISS	Ion Scattering Spectroscopy
kfz	kubisch flächenzentriert
NRA	Nuclear Reaction Analysis
NRFP	Napf-Rückwärts-Fließpressen
PVD	Physical Vapour Deposition
RBS	Rutherford Backscattering Spectroscopy
RED	Radiation-Enhanced Diffusion
REM	Rasterelektronenmikroskop
RIS	Radiation-Induced Segregation
RNT	Radionuklidtechnik
SIMS	Sekundärionenmassenspektrometrie
SNMS	Sekundärneutralteilchenmassenspektrometrie
TD	Toyota Diffusion
TEM	Transmissionselektronenmikroskop
trz	tetragonal raumzentriert
VS	Verbindungsschicht

0 Zusammenfassung

Der Verschleiß ist das wichtigste Ausfallkriterium von Werkzeugen der Umformtechnik. In der Kaltmassivumformung kann zwar auch ein großer Teil der Werkzeuge durch Bruch ausfallen, speziell bei besonders schwierigen Teilen; der Werkzeugbruch läßt sich aber auf Grund der Kenntnis bruchmechanischer Eigenschaften des Werkstoffs durch konstruktive Maßnahmen und Optimierung der Wärmebehandlungen einschränken und außerdem durch Verwendung geeigneter Werkzeugüberwachungssysteme in etwa vorhersagen.

Es ist heute möglich, durch Oberflächenbeschichtungen den Werkzeugverschleiß zu unterdrücken und damit die Standmenge der Werkzeuge zu erhöhen. Neben einigen schon gut eingeführten Beschichtungstechniken stehen die Ionenstrahltechniken, die bisher zur Dotierung von Halbleitern Verwendung fanden, an der Schwelle der Einführung.

In zwei Modellversuchen, dem Stauchen zwischen ebenen Bahnen und dem Napf-Rückwärts-Fließpressen, wurden unter fertigungsähnlichen Bedingungen ionenstrahlbehandelte Werkzeugoberflächen hinsichtlich ihres Einsatzes in der Kaltmassivumformung geprüft und verglichen. Das Stauchen erlaubt es, den Verschleiß von ionenstrahlbehandelten Werkzeugen unabhängig von der Werkzeuggeometrie zu vergleichen, während beim Napf-Rückwärts-Fließpressen die Geometrie des Werkzeugs und die Implantationsparameter zusammen als Einflußgrößen auftreten.

Die fertigungsähnlich durchgeführten Versuche mit den Verfahren Napf-Rückwärts-Fließpressen und Stauchen zwischen ebenen Bahnen haben gezeigt, daß durch Ionenstrahltechniken eine signifikante Verschleißminderung von Umformwerkzeugen erzielt werden kann.

Durch eine Implantation von $6 \cdot 10^{17}$ bis $1 \cdot 10^{18} \, \mathrm{N^+ cm^{-2}}$ wird bei beiden Umformverfahren eine Verschleißminderung um etwa 25 % erzielt, was annähernd der Wirkung des Nitrierens entspricht. Gegenüber dem Nitrieren ergeben sich die Vorteile, daß die Werkzeuge nach dem Implantieren absolut maßhaltig bleiben und nach dem Einsatz keine Risse aufweisen.

Ionenstrahlgemischte Stauchbahnen ($100 \, \mathrm{nm}$ Bor / $5 \cdot 10^{16} \, \mathrm{Ar^{2+} cm^{-2}}$ beziehungsweise $6 \cdot 10^{17} \, \mathrm{N^+ cm^{-2}}$) zeigten eine Verschleißminderung um etwa 50 %.

Eine Mehrfachimplantation mit Stickstoff- und Zinn- bzw. Silberionen vermindert besonders in der Anfangsphase den Verschleiß drastisch.

Mit einer nach der Implantation durchgeführten Anlaßbehandlung der ionenimplantierten Randzone läßt sich eine deutliche Zunahme der Verschleißbeständigkeit erzielen, so daß mit ihnen eine Standmengenerhöhung bis zum 10fachen möglich ist. Die Gefahr des adhäsiven Verschleißes wird deutlich herabgesetzt.

Die Oberflächenkenngrößen ionenstrahlbehandelter Werkzeuge streuen nach Versuchsabschluß deutlich geringer als diejenigen von nichtimplantierten Werkzeugen. Das bedeutet, daß die verschleißbedingte Durchsatzmenge bei implantierten Werkzeugen besser als bei nichtimplantierten Werkzeugen kalkulierbar ist.

Als Empfehlung für eine optimale und möglichst kostengünstige Ionenstrahlbehandlung kann auf Grund der Ergebnisse dieser Arbeit eine Ionenimplantation mit etwa $6 \cdot 10^{17}\,N^+\,cm^{-2}$ und eine anschließende Anlaßbehandlung bei 230 bis 250 °C für etwa 2,5 Stunden angegeben werden.

Bei kleineren Losgrößen oder niedrig belasteten Werkzeugen lassen sich exzellente Ergebnisse erzielen, wenn zusätzlich zur Stickstoffimplantation mit Metallionen wie zum Beispiel Ag^+ oder Sn^+ implantiert wird.

Werkzeugbehandlungen mit Hilfe von Ionenstrahltechniken erfordern keine Nachbearbeitung und sind beliebig oft wiederholbar. Wegen der vergleichsweise niedrigen Behandlungstemperatur müssen keine Einschränkungen beachtet werden.

Daher scheinen die Ionenstrahltechniken eine bestehende Lücke zwischen bereits eingeführten Beschichtungstechniken zu schließen und die Oberflächenbehandlungstechniken um eine bedeutende Variante zu erweitern.

Wegen der äußerst sparsamen Verwendung von teurem und seltenen Legierungswerkstoff und weil ohne den Umweg über aggressive Chemikalien verfahren wird, sind die Ionenstrahltechniken ressourcenschonend und daher auch unter dem Aspekt des Umweltschutzes besonders empfehlenswert.

1 Einleitung

In den Industrieländern führen Reibung und Verschleiß zu erheblichen Verlusten für die Volkswirtschaft. Schätzungen in den sechziger und siebziger Jahren ergaben jährliche Schäden in Höhe von etwa 1 % des Bruttosozialproduktes [1 − 3].

Jüngere Studien zeigen, daß diese Angaben noch zu vorsichtig waren. Demnach betrugen die jährlichen reibungs- und verschleißbedingten direkten Einbußen allein in der damaligen Bundesrepublik Deutschland beispielsweise für das Jahr 1985 etwa 39 Milliarden DM [4]. Bei Berücksichtigung der Folgekosten kann dieser Betrag doppelt so hoch ausfallen.

Diese hohen Verluste sowie die Entwicklung von Maschinen mit höherer Produktivität − d. h. allgemein zu höheren Geschwindigkeiten und größeren Kräften − erfordern vermehrte Anstrengungen, die Auswirkungen von Reibung und Verschleiß zu unterdrücken. Dies erfordert die gezielte Umsetzung der Kenntnisse verschiedener Wissenszweige wie Werkzeugtechnik, Werkstoffkunde, Oberflächentechnik und Schmierstoffchemie in der interdisziplinären Fachrichtung Tribologie.

Neben der Kostenminimierung muß die Verringerung von Verschleiß auch als eine wesentliche Möglichkeit zur Einsparung von Rohstoffen herausgestellt werden.

Die umformenden Fertigungsverfahren sind im allgemeinen konkurrierenden Verfahren hinsichtlich der Schonung der Ressourcen überlegen. Während bei spanenden Verfahren nur eine Werkstoffausnutzung von 40 bis 50 % erzielt werden kann, erreicht man beim Kaltfließpressen eine Ausnutzung von durchschnittlich 85 %. Die Energieeinsparung beträgt beim Fließpressen gegenüber dem Spanen etwa 40 bis 50 %. Bei steigenden Energiekosten verschieben sich die Verhältnisse weiter zugunsten der umformenden Fertigung [5].

Die Wirtschaftlichkeit der umformenden Fertigungsverfahren wird aber in hohem Maße durch die Kosten für Werkzeugwerkstoffe und die Werkzeugherstellung sowie die Rüst- und Einrichtzeiten beeinflußt. Der Werkzeugkostenanteil an den Produktionskosten liegt bei spanloser Fertigung zwischen 5 und 30 % [6]. Daher ist die Lebensdauererhöhung der Werkzeuge ein Schlüsselproblem für die Kaltmassivumformung.

Die Herstellkosten erhöhen sich sprungartig, wenn ein Werkzeug durch vorzeitigen Bruch oder Verschleiß ausfällt. Beim gegenwärtigen Stand der Technik ist eine kalkulierbare Lebensdauervorhersage für Werkzeuge der Kaltmassivumformung noch weit von der Realisierung entfernt. Beim Kaltfließpressen sind Lebensdauerstreuungen von 10 : 1 keine Seltenheit [6]. Die Werkzeuge können jedoch mit Hilfe der heute verfügbaren modernen Berechnungsverfahren so ausgelegt werden, daß für leichte bis mittlere Werkzeugbelastungen ein Bruch nahezu ausgeschlossen werden kann. Zudem ermöglichen Methoden der Bruchmechanik eine Vorhersage der Werkzeuglebensdauer, wodurch die Fertigungssicherheit erhöht wird [7].

In den üblichen Belastungsfällen herrscht der Verschleiß als Versagensursache vor. Der Werkzeugverschleiß beeinflußt die Oberflächenqualität und die Maßhaltigkeit der gefertigten Werkstücke. Für seine Verminderung kommt neben der konstruktiven Auslegung, der Wahl geeigneter Werkstoffe, der Wärmebehandlungen und der tribotechnischen Maßnahmen vor allem der Oberflächenbehandlung eine wesentliche Bedeutung zu.

Moderne Oberflächenbehandlungsverfahren zur Verschleißminderung führen zu einer Standmengenerhöhung und können eine Kostenreduzierung durch den Einsatz von preisgünstigeren Grundwerkstoffen ermöglichen. Eine Anzahl von Beschichtungstechniken hat sich in den Verfahren der Kaltmassivumformung bisher durchgesetzt, wie z. B. das Hartverchromen, Nitrieren, Borieren oder Vanadieren und auch die neueren leistungsstarken PVD- und CVD-Verfahren.

In den letzten Jahren wurden – aus der Elektronikindustrie kommend – einige Ionenstrahltechniken zur Randzonenbeeinflussung von Werkzeugen und Bauteilen entwickelt. In erster Linie ist hier die Ionenimplantation zu nennen. Bisher liegen nur wenige Betriebsergebnisse ionenstrahlbehandelter Werkzeuge vor. Abgesehen von Labortests existieren keine systematischen praxisnahen Untersuchungen der Verschleißminderung an Umformwerkzeugen durch Ionenstrahltechniken.

2   Stand der Kenntnisse

2.1   Werkzeugversagen durch Verschleiß

In den sechziger Jahren wurde von *Jost* der Begriff „Tribologie" eingeführt [1]. Hierunter versteht man das Wissen und die technische Anwendung aus den Bereichen Reibung, Verschleiß und Schmierung.

Nach DIN 50 320 ist „Verschleiß der fortschreitende Materialverlust aus der Oberfläche eines festen Körpers, hervorgerufen durch mechanische Ursachen, d. h. Kontakt und Relativbewegung eines festen, flüssigen oder gasförmigen Gegenkörpers" [8].

Verschleißvorgänge sind systemgebunden, d. h. vom Zusammenwirken aller am Prozeß beteiligten Werkstoffe und Medien abhängig. Der Verschleiß ist dementsprechend nur durch systemgebundene Kenngrößen, die aus dem Zusammenwirken verschiedener Einflüsse abgeleitet werden, beschreibbar.

Die Verschleißerscheinungsformen am Werkzeug werden durch das jeweilige Tribosystem bestimmt. Die Ausprägung des Verschleißes als Systemeigenschaft hängt vom Reibungszustand in der Wirkfuge zwischen Werkzeug und Werkstück ab [9]. Die Verhältnisse sind während des Umformvorganges nicht konstant. Die Schmierfilmdicke ist zu Beginn am größten. Mit zunehmender Umformung und damit einhergehender Oberflächenvergrößerung nimmt sie ab. Die üblicherweise angestrebte Mischreibung kann in Grenzreibung und in ungünstigen Fällen in Festkörperreibung übergehen [10].

Beim Kaltfließpressen ist die Ausfallursache der Werkzeuge nach einer Umfrage in Fließpreßbetrieben bei einfachen Massenteilen zu etwa 80 % der Verschleiß; die restlichen 20 % werden durch Werkzeugbruch verursacht, wobei hauptsächlich Ermüdungsbruch auftritt [11]. Bei schwierigen Umformungen tritt Werkzeugversagen überwiegend durch Bruch ein [12, 13, 14]; dieser Fall wird im folgenden nicht betrachtet.

Der Werkzeugverschleiß in der Kaltmassivumformung wurde von *Weiergräber*, *Nehl* und *Westheide* systematisch untersucht [15, 16, 17].

2.1.1   Einflußgrößen auf den Verschleiß in der Massivumformung

Der Verschleiß ist ein komplexer Vorgang. Zur erfolgreichen Bekämpfung des Verschleißes ist es deshalb notwendig, alle wichtigen Kenngrößen und Eigenschaften zu erfassen, deren Zusammenhänge zu erkennen und eine Aufgliederung in Grundbeanspruchungen und deren Wirkung vorzunehmen. Erst bei Kenntnis dieser Einflußgrößen und ihrer Zusammenhänge ist es sinnvoll, eine systematische Parametervariation durchzuführen.

Die Einflußgrößen auf den Werkzeugverschleiß und damit auf die Werkzeugstandmenge beim Massivumformen lassen sich folgendermaßen einteilen:

Beanspruchungskollektiv
Umformvorgang – Maschine

- Umformgrad
- Bewegungsform
- zeitlicher Bewegungsablauf
- Umformkraft
- Umformgeschwindigkeit
- Temperatur
- Druckberührzeit
- Maschinenzustand

Grundkörper
Umformwerkzeug

- Werkzeugwerkstoff
- Gefüge
- Härte
- Bruchzähigkeit
- Zeitstandfestigkeit
- Dauerfestigkeit
- Geometrie
- Oberflächenbeschaffenheit

Gegenkörper
Werkstück

- Werkstückwerkstoff
- Mechanische Kennwerte
- Fließkurve
- Wärmebehandlungszustand
- Härte
- Gefüge
- Oberflächenbeschaffenheit
- Rohteilabmessung
- Rohteilform

Zwischenstoff
Schmierstoff

- Reibungszahl
- chemische Zusammensetzung
- Haftung
- Temperaturbeständigkeit
- Druckbeständigkeit
- synergistische Eigenschaften in Verbindung mit Werkzeug- und Werkstückwerkstoff

Umgebungsmedium
Hallenluft

- Zusammensetzung, insbesondere aggressive Verunreinigungen
- Feuchte

Die wichtigsten Parameter hinsichtlich des Verschleißes sind das Umformverfahren und der Umformgrad, die Werkstoffpaarung Werkzeug – Werkstück, die Umformtemperatur und der Schmierstoff.

2.1.2 Analyse der tribologischen Vorgänge

Voraussetzung für wirksame Maßnahmen zum Verschleißschutz ist eine sorgfältige Systemanalyse, weil sowohl die Struktur des Verschleißsystems als auch die Art der tribologischen Beanspruchungen, die Verschleißmechanismen und deren Verschleißerscheinungsformen sehr unterschiedlich sein können. Bild 1 zeigt schematisch ein tribologisches System.

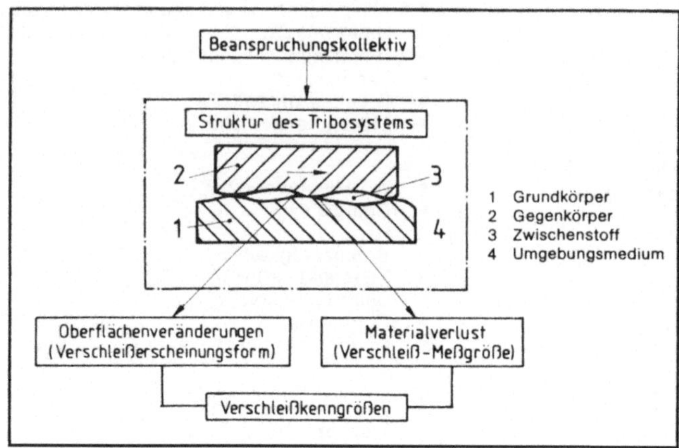

Bild 1: Tribologisches System nach DIN 50 320 [8].

Nach *Czichos* läßt sich die Systemgebundenheit von Verschleißvorgängen mit der Methode der Systemanalyse beschreiben [18], vgl. DIN 50 320. Dazu werden die am Verschleißvorgang beteiligten Bauteile, Stoffe und Medien gedanklich voneinander abgegrenzt. Die am Verschleiß unmittelbar beteiligten Bauteile und Stoffe werden als „Elemente" des Tribosystems bezeichnet. Mit ihren „Eigenschaften" und „Wechselwirkungen" untereinander machen sie die „Struktur" des Tribosystems aus. Die von außen auf die Elemente des Tribosystems einwirkenden Beanspruchungsgrößen wie Bewegungsform, zeitlicher Bewegungsablauf und technisch-physikalische Beanspruchungsparameter (Normalkraft F_N, Geschwindigkeit v, Temperatur T und Beanspruchungsdauer t_B bzw. Weg s) bilden das „Beanspruchungskollektiv". Der Verschleiß, der beim Einwirken des Beanspruchungskollektivs auf die Struktur des Tribosystem auftritt, wird durch die feststellbaren Ergebnisse des Verschleißvorganges – die „Verschleißkenngrößen" – beschrieben.

In der Technik auftretende Verschleißvorgänge lassen sich an Hand von makroskopischen Gegebenheiten in unterschiedliche **Verschleißarten** aufteilen. Man beschreibt damit im wesentlichen die Struktur und Kinematik des tribologischen Systems. Zu den Verschleißarten zählen zum Beispiel Gleitverschleiß, Rollverschleiß, Wälzverschleiß, Prallverschleiß, Schwingungsverschleiß oder Furchungsverschleiß. Es muß allerdings beachtet werden, daß bei einem Verschleißvorgang verschiedene Verschleißmechanismen wirksam werden können.

Die vier Hauptverschleißmechanismen, die im Festkörperverschleiß auftreten, lassen sich nach der Norm folgendermaßen charakterisieren:

Adhäsion	Ausbildung von Haftverbindungen infolge hoher lokaler Pressungen, gewaltsame Trennung durch Relativbewegung der Reibpartner; Herauslösen von Werkstoffteilchen aus der Oberfläche („Kaltverschweißungen", „Fressen")
Abrasion	Materialabtrag durch ritzende Beanspruchung (Mikrozerspanungsprozesse);
Oberflächenzerrüttung	Ermüdung und Rißbildung in Oberflächenbereichen durch tribologische Wechselbeanspruchungen, die zu Materialtrennungen führen (z. B. „Grübchen")
Tribochemische Reaktionen	auch Tribooxidation genannt; Entstehung von Reaktionsprodukten durch die Wirkung von tribologischer Beanspruchung bei chemischer Reaktion von Grundkörper, Gegenkörper und angrenzendem Medium.

Häufig überlagern sich die Effekte.

Ausführliche Hinweise zur systematischen Behandlung von Verschleißvorgängen und zu den Grundlagen des Verschleißes finden sich zum Beispiel in [19].

2.1.3 Verschleiß in der Massivumformung

Ausgehend von der Analyse der tribologischen Vorgänge lassen sich verschiedene Maßnahmen zur Verminderung des Werkzeugverschleißes treffen, vgl. [20]. Hinsichtlich der einzelnen Verschleißmechanismen soll die ionenstrahlbehandelte Randzone im wesentlichen folgende Aufgaben übernehmen [21]:

Adhäsion	Trennung der metallischen Reibpartner durch eine Schicht mit geringer Adhäsionsneigung;
Abrasion	Verminderung des Härtegefälles zwischen dem beanspruchten Bauteil und dem abrasiv wirkenden Körper durch Hartstoffschichten;
Oberflächenermüdung	Steigerung der Dauerwälzfestigkeit zum Beispiel durch günstigen Eigenspannungszustand;
Tribochemische Reaktion	Verminderung der Reaktionsfähigkeit zwischen den beiden tribologisch beanspruchten Reibpartnern und den umgebenden Medien (z. B. Gasatmosphäre, Schmierstoffe und Zusätze).

2.2 Modellversuche und Verschleißprüfung an Werkzeugen der Kaltmassivumformung

Die Untersuchung des Werkstoff- und Schmierstoffverhaltens in einem tribologischen System kann grundsätzlich nach zwei Methoden erfolgen. Entweder werden Prüfungen in Modell- oder Ersatzsystemen unter Einsatz abstrahierter Prüfgeometrien vorgenommen, oder man untersucht das Verhalten der Reibpartner unter Verwendung von Serienwerkzeugen im Prüfstand oder im Feldversuch unter Betriebsbedingungen. In der Praxis auftretende Probleme können meist nur mit Hilfe von realen Werkzeugen im Betriebsversuch gelöst werden. Grundlegende Erkenntnisse lassen sich dagegen häufig nur aus Ergebnissen von Modellversuchen gewinnen.

In [22, 23, 24, 25] werden einige Modell-Verschleißprüfsysteme vorgestellt und ihre Anwendungsmöglichkeiten diskutiert. Die meisten Modellsysteme haben die Simulation von Maschinenelementen und Bauteilen zum Ziel; Bedingungen der Umformtechnik werden aber nur selten berücksichtigt.

Von *Kudo* et al. wurde eine Verschleißprüfmaschine zur Simulation der Verhältnisse beim Kaltmassivumformen entwickelt [26, 27]. Ein keilförmiges Werkzeug ritzt Kerben in einen Werkstoffstreifen. Durch Parametervariation sollen verschiedene Fertigungsbedingungen simuliert werden. Mit Einschränkungen lassen sich Übereinstimmungen mit industriellen Erfahrungen feststellen. Es wurde auch gezeigt, daß kein nachvollziehbarer Zusammenhang zwischen Verschleiß und Reibung existiert.

Von *Wuttke* wurde eine Modelluntersuchung für Reibungs- und Verschleißprozesse bei Verfahren der Massivumformung entwickelt, wobei ein Stauch- und ein Gleitvorgang gekoppelt werden können [28].

Pursche entwickelte Prüfeinrichtungen zur Prognostizierung des Verschleißverhaltens von Verschleißschutzschichten [29]. Es wurde ein dimensionsloser Verschleißparameter eingeführt, der die bezogenen Verschleißmeßgrößen beschichteter Werkzeuge bei gleichzeitigem Adhäsions- und Abrasionsverschleiß beschreibt. Dieser Parameter wird mit Hilfe einer neu eingeführten meßbaren Adhäsionszahl sowie der sog. Ritzenergiedichte ermittelt.

Um auf die Praxis übertragbare Modellsysteme im Labor realisieren zu können, bedarf es der systemtechnischen Analyse des realen tribologischen Systems „Umformvorgang" [18, 30 – 33]. Die Umkehrung dieser Feststellung ergibt, daß es keinen einfachen gesetzmäßigen Zusammenhang zwischen Versuchsergebnissen aus Modellprüfungen und denen der praktischen Fertigung geben kann [34]. Zur Frage der Übertragbarkeit von Modellversuchsergebnissen in die Praxis wurden zum Beispiel von *Uetz* und Mitarbeitern [35] und *Krause* et al. [36] mit Hilfe der Systemanalyse Untersuchungen durchgeführt.

Über Verschleißprüfungen an Werkzeugen der Massivumformung unter Betriebsbedingungen existieren nur wenig Veröffentlichungen. *Ali* et al. setzten zur Ermittlung des Verschleißes beim Gesenkschmieden das Stauchen zwischen ebenen Bahnen im Temperaturbereich zwischen 1 000 und 1 200 °C ein [37]. In einer Untersuchung zu Reibung, Verschleiß und Schmierung beim Gesenkschmieden verwendete *Melching* zum Stauchen zylindrischer Teile zueinander geneigte flache Stauchbahnen [38]. Vergleiche mit Verschleißergebnissen eines Prüfgesenkes zeigten eine gute Übereinstimmung.

Beschichtete Stauchbahnen und Gesenke wurden von *Joost* untersucht [39]. *Felder* und *Montagut* setzten das Stauchen zwischen ebenen Bahnen als Simulation für das Gesenkschmieden ein [40]; ergänzt werden die Ergebnisse durch Versuche mit nitrierten

Werkzeugen [41]. Der Einfluß verschieden nitrierter Werkzeuge für das Gesenkschmieden wurde von *Bergel* und *Leidel* in Betriebsversuchen ermittelt [42].

Moderne Methoden praktischer Verschleißprüfung werden von *Razim* beschrieben [43].

Eine elegante Methode der Verschleißmessung wird durch die Radionuklidtechnik ermöglicht, wobei unter Zuhilfenahme radioaktiv markierter Werkzeug- oder Werkstückteile die Ermittlung des Verschleißverlaufes während der Fertigung durchgeführt werden kann, ohne daß in das Tribosystem eingegriffen wird [44, 45, 46]. Nachteilig ist die damit verbundene Kontaminierung der beteiligten Reibpartner. Entsprechende – der Strahlenschutzverordnung [47] genügende – Sicherheitsvorkehrungen sind unerläßlich.

Schlowag und *Quaas* untersuchten mit einer Variante der Radionuklidtechnik, der Neutronenaktivierungsanalyse, den Verschleiß von Stempeln beim Napf-Rückwärts-Fließpressen [48]. Dabei wurde der Werkstoffübertrag vom aktivierten Stempel auf die gepreßten Teile gemessen. Es wurde nachgewiesen, daß bereits ein einzelner Umformvorgang Verschleiß bewirkt, so daß die Probenzahl je Meßpunkt klein gehalten werden kann.

Systematische Untersuchungen zum Werkzeugverschleiß in der Massivumformung, die den Ausgangspunkt für die vorliegende Arbeit bilden, wurden von *Weiergräber* durchgeführt [15, 49]. Es wurde ein Versuchsstand aufgebaut, der die Ermittlung des Werkzeugverschleißes an Hand von zwei Umformverfahren – Stauchen zwischen ebenen Bahnen und Napf-Rückwärts-Fließpressen – in Abhängigkeit von Werkzeugwerkstoff, Werkstückwerkstoff, Temperatur, Schmierstoff und Werkzeugbelastung gestattet. Die Verschleißmessung erfolgte über die Messung der Geometrieänderungen der Werkzeuge bzw. der Werkstücke.

Am gleichen Versuchsstand wurde von *Nehl* ein Verfahren der Radionuklidtechnik – das Dünnschichtdifferenzverfahren – an die Belange der Verschleißmessung in der Massivumformung angepaßt [16, 50]. In Langzeitversuchen konnte die Eignung und Reproduzierbarkeit dieser Methode nachgewiesen werden. Es gelang eine Abschätzung der minimal erforderlichen Versuchsdauer für Verfahren der Kaltmassivumformung und der Halbwarmumformung.

Ausgehend von diesen Untersuchungen ermittelte *Westheide* den Einfluß verschiedener Beschichtungen auf den Werkzeugverschleiß bei Verfahren der Kaltmassivumformung [17, 51].

2.3 Verschleißminderung durch Beschichtungen und Ionenstrahltechniken

Zu den Verfahren zur Verschleißminderung an Werkzeugen zählen mechanische Oberflächenverfestigung, Randschichthärten, Umschmelzen, Ionenstrahltechniken, Thermochemische Verfahren (Nitrieren, Borieren, Aufkohlen), Chemische oder Physikalische Abscheidung aus der Gasphase (CVD und PVD), Galvanische Verfahren, Anodisieren, Aufsintern, Aufgießen, Auftragschweißen und Plattieren. Übersichten über Schichteigenschaften, Prüfverfahren und Anwendungen befinden sich z. B. in [52, 53, 54, 55].

In der Umformtechnik gebräuchliche Verfahren zum Verschleißschutz der Werkzeuge sind die thermochemischen Verfahren, das Hartverchromen, sowie vermehrt die PVD- und CVD-Verfahren. Praxisrelevante Anwendungsbeispiele dieser verschiedenen Beschichtungen einschließlich einer Bewertung der Schichteigenschaften werden z. B. in [56, 57, 58, 59] gegeben.

Die vergleichenden Untersuchungen von *Westheide* an verschieden beschichteten Werkzeugen ergaben beim Stauchen zwischen ebenen Bahnen gute Ergebnisse mit CVD-Verfahren (TiC), Hartverchromen, Ionenimplantieren und Nitrieren. Mit vanadierten und nach PVD-Verfahren mit TiN beschichteten Stempeln wurde beim Napf-Rückwärts-Fließpressen eine Standmengenerhöhung um das 6- bis 30fache erreicht [17, 51].

Ionenstrahltechniken werden seit den frühen siebziger Jahren in der Halbleitertechnik zum Dotieren des Grundwerkstoffes eingesetzt. Mit Hilfe eines Beschleunigers werden energiereiche Ionen in die Festkörperoberfläche eingeschossen. Statt einer Oberflächenbeschichtung werden in einer Randzone von typisch 1 μm Legierungen hergestellt. Diese Technik gestattet auch die Erzeugung von Legierungen, die nicht im thermodynamischen Gleichgewicht stehen, da praktisch jedes Element in jeden Grundwerkstoff implantiert werden kann. Das am häufigsten angewandte Verfahren der Ionenstrahltechniken ist das Ionenimplantieren. Daneben gibt es andere Varianten, wie das Ionenstrahlmischen, Grenzschichtmischen und das Ionenstrahlgestützte Beschichten, vgl. Abschnitt 4.1.

Das erste Patent zur Ionenimplantationstechnik erhielt *Shockley* im Jahr 1957 [60]. Darin sind bereits alle wesentlichen Aspekte der Implantation berücksichtigt. Grundlegende Darstellungen der Ionenstrahltechniken finden sich z. B. in [61, 62, 63]. Dabei spielt aber die Beeinflussung von Metalloberflächen nur eine untergeordnete Rolle.

Mit den spezifischen Eigenschaften von ionenstrahlbehandelten Metalloberflächen befassen sich verschiedene Übersichtsartikel [64 – 72] und Abschnitte in Handbüchern sowie Tagungsberichte [73 – 81]. Neben grundlegenden Untersuchungen zur Charakterisierung der Randzone von Werkstücken, der Oberflächenmorphologie und möglichen Amorphisierung durch Implantation standen dabei meist die Verbesserung der Oberflächen gegen korrosive und tribologische Beanspruchung im Mittelpunkt.

Zu Beginn der achtziger Jahre gelangen die ersten erfolgreichen praktischen Anwendungen der Ionenstrahltechniken zur Verschleißminderung.

Bei Hartmetallbohrern, die bei der Fertigung von Leiterplatten in der Elektronikindustrie verwendet werden, konnte durch Stickstoffimplantation eine 4fache Lebensdauererhöhung bei gleichzeitiger Verbesserung des Bohrergebnisses erzielt werden [82, 83].

Die Verbesserung der Eigenschaften von hochpräzisen Wälzlagern in der Luftfahrt und die Erhöhung ihrer Lebensdauer ist ebenfalls durch Einsatz der Ionenimplantation ermöglicht worden. Diese Bauteile mit ihren engen Toleranzen sind ein gutes Beispiel für Anwendungen, in denen andere Oberflächenbehandlungen nicht eingesetzt werden können [84, 85, 86].

Im Bereich der Umformtechnik wurden ionenimplantierte Werkzeuge bisher vorwiegend in Großbritannien und in den USA eingesetzt. Hierbei wurde hauptsächlich mit Stickstoff implantiert. Drozda [87] berichtet von einer Standmengenvergrößerung für Umformwerkzeuge um 100 bis 500 %. Über ähnliche Erfolge wird in [83] und [88] für Drahtziehmatrizen und auch für Fließpreßwerkzeuge berichtet.

Bei einem Prägestempel aus Kaltarbeitsstahl (AISI D2) zum Aufbringen der Ritzlinie an Getränkedosendeckeln konnte die Standmenge mehr als verdreifacht werden. Die Standmenge ließ sich von 3 bis 5 Millionen Deckel auf 7 bis 17 Millionen Deckel pro Werkzeug steigern [89].

Stickstoffimplantierte Stempel aus dem Kaltarbeitsstahl AISI D2, mit denen nach dem Abstreckgleitziehen von Getränkedosen aus Aluminium der Boden der Dose geformt wird, zeigen einen verminderten Verschleiß und eine drastisch reduzierte Neigung zu Kaltaufschweißung von Aluminium [89].

Fertigwalzen aus Warmarbeitsstahl (AISI H13) zur Herstellung von Kupferstäben zeigten einen vernachlässigbaren Verschleiß nach der 3fachen Standzeit gegenüber nicht-implantierten Walzen. Die Oberflächenqualität des Erzeugnisses wurde ebenfalls verbessert [90].

Umformwerkzeuge aus einem ledeburitischen Kaltarbeitsstahl zeigten einen drastisch verminderten adhäsiven Verschleiß [91].

Ziehhole aus Hartmetall für Kupferstäbe ergaben nach Stickstoffimplantation eine um das 5fache gesteigerte Standmenge bei verbesserter Oberflächenqualität [89]. Die Lebensdauer von Ziehsteinen aus Hartmetall zur Fertigung von Stahldraht wird ebenfalls spürbar erhöht [91].

Tiefziehwerkzeuge aus Hartmetall zeigten eine erhöhte Lebensdauer und eine deutlich verminderte Aufschweißneigung [91].

Die Standmenge von Profilwalzwerkzeugen aus dem Warmarbeitsstahl AISI H13 konnte durch eine Stickstoffimplantation von $4 \cdot 10^{17}\,N_2^+\,cm^{-2}$ bei 90 keV um das 5fache gesteigert werden [92].

Die aufgeführten Beispiele zeigen einige erfolgreiche Anwendungen von ionenimplantierten Werkzeugen in der Umformtechnik. Umfassende grundlegende Untersuchungen, bei denen unter Praxisbedingungen der Einfluß verschiedener Ionenstrahlbehandlungen oder eine Parametervariation von Implantationen durchzuführen wäre, fehlen jedoch bisher.

3 Zielsetzung der Arbeit

Am Institut für Umformtechnik der Universität Stuttgart wurde seit Jahren im Rahmen einer Projektreihe ein Weg beschritten, den Verschleiß in der Massivumformung unter fertigungsnahen Bedingungen zu untersuchen, vgl. Abschnitt 2.2 [15, 16, 17, 49, 50, 51]. Die Vernachlässigung ökonomischer Gesichtspunkte erlaubt hierbei, den Einfluß der Fertigungsparameter in einem weiten Bereich zu untersuchen.

Weil die Ionenimplantation im Bereich der Umformtechnik noch wenig erprobt ist, besteht die Zielsetzung der vorliegenden Arbeit in einer systematischen Untersuchung der Verschleißminderung von Umformwerkzeugen durch Ionenstrahltechniken. Dabei sollen die Versuche möglichst praxisnah durchgeführt und anwenderbezogene Lösungen für eine Oberflächenvergütung durch Ionenstrahlbehandlungen erarbeitet werden.

Die Verschleißversuche sollen mit den Umformverfahren Napf-Rückwärts-Fließpressen (NRFP) und Stauchen zwischen ebenen planparallelen Bahnen durchgeführt werden. Beim Stauchen können Geometrieeinflüsse weitgehend ausgeschaltet werden. Beim Napf-Rückwärts-Fließpressen handelt es sich um das Verfahren der Massivumformung mit den höchsten Werkzeugbelastungen, das heißt, ein meßbarer Verschleiß ergibt sich in der Regel schon nach einer relativ niedrigen Stückzahl gefertigter Teile, und Oberflächenbehandlungen können unter Höchstbelastung untersucht werden.

Es ist vorgesehen, ionenimplantierte bzw. durch Ionenstrahlmischen behandelte Umformwerkzeuge einzusetzen und die verschleißmindernde Wirkung der verschiedenen Ionenstrahltechniken für den Bereich der Kaltmassivumformung abzuschätzen. Untersucht werden sollen der Einfluß der Ionenart, der Implantationsparameter und einer thermischen Nachbehandlung.

Die Auswertung erfolgt in erster Linie über die Verschleißmessung, die über die Maßveränderungen am Werkzeug oder an den gefertigten Werkstücken ermittelt wird. Ferner sollen Messungen der Oberflächenkenngrößen feststellen, ob und wie weit Ionenstrahlbehandlungen die Oberflächentopographie bei fortschreitendem Verschleiß günstig beeinflussen können. Schließlich sind morphologische Untersuchungen, insbesondere mit Hilfe des Rasterelektronenmikroskops, vorgesehen.

Mit Hilfe der zu erwartenden Ergebnisse sollen Hinweise zu einem erfolgreichen Einsatz von ionenstrahlgestützten Oberflächenbehandlungsverfahren in der Kaltmassivumformung unter Berücksichtigung wirtschaftlicher Gesichtspunkte erarbeitet werden.

4 Verschleißschutz durch Ionenstrahltechniken

Nach *Schmaltz* [93]. sind unbeschichtete Oberflächen von Metallen mit einer Adsorptions-
und Reaktionsschicht belegt, die auch als äußere Grenzschicht bezeichnet werden
(Bild 2, links). Im Inneren schließt sich eine Schicht an, die durch Spanen oder Umformen
verfestigt ist. Schließlich folgt der unbeeinflußte Grundwerkstoff.

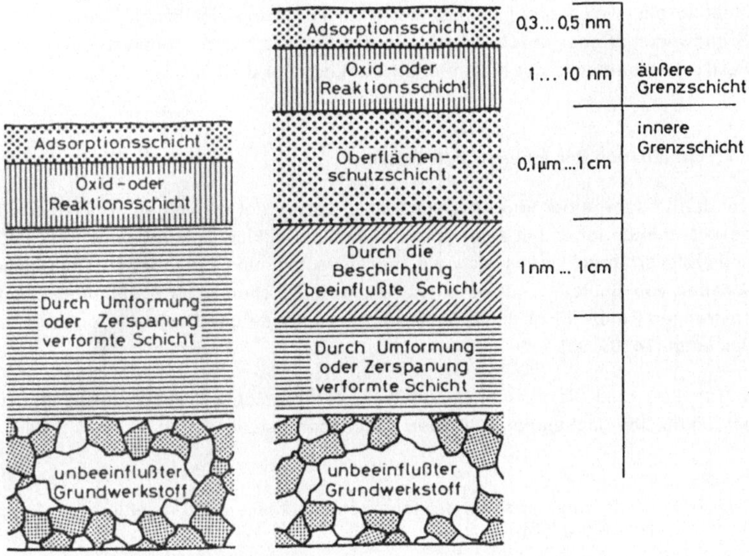

Bild 2: Schematischer Aufbau metallischer Oberflächenbereiche ohne und mit Ver-
schleißschutzschicht. Nach [93]

Überträgt man diese Darstellung auf Werkstoffe mit Oberflächenschichten, so erhält man
den rechts in Bild 2 gezeigten Schichtaufbau. Die typischen Schichtdicken reichen von
etwa 0,1 µm bis 1 µm beim Ionenimplantieren bis zu etwa 1 mm bis zu mehreren Zenti-
metern beim Auftragschweißen. Bei Oberflächenbehandlungen mit Ionenstrahltechniken
hat man es im allgemeinen nicht mit scharfen Grenzen zwischen Schutzschicht und Zwi-
schenschicht, sondern mit einem fließenden Übergang der Schichten und dementsprechend auch der Werkstoffeigenschaften zu tun.

Ein Überblick über Verfahren, die für die Kaltmassivumformung zur Erzeugung von Verschleißschutzschichten in Frage kommen, finden sich, nach Technologie und Verfahren
eingeteilt, beispielsweise in [17, 94].

Kriterien für die Auswahl eines Oberflächenbehandlungsverfahrens sind die verschleißmindernde Wirkung, die aber nur in Zusammenhang mit dem vorliegenden Tribosystem
gesehen werden darf und nicht allgemeingültig angegeben werden kann, sowie die Härte

und Dicke der Randzone, deren Haftfähigkeit und Duktilität, die Behandlungstemperatur, die mögliche Veränderung der Oberflächentopographie und nicht zuletzt wirtschaftliche Gesichtspunkte. In [52–59] werden die verschiedenen Verschleißschutzschichten beschrieben und ihre Anwendungsgebiete umrissen sowie Beispiele erfolgreichen Einsatzes gegeben, vergleiche Kapitel 2.

Die Ionenstrahltechniken nehmen innerhalb der abgeschiedenen Schichten eine Sonderstellung ein, weil hierbei die Schicht nicht durch formschlüssige Verbindung mit dem Grundwerkstoff oder durch Diffusion in das Substrat haftet, sondern durch Beschuß der Festkörperoberfläche mit einem Ionenstrahl erzeugt wird.

4.1 Grundlagen der Ionenstrahltechniken

Bei den Verfahren der Ionenstrahltechniken verwendet man einen gerichteten Strahl von beschleunigten Ionen mit einer genau einstellbaren kinetischen Energie. Mit Hilfe der Ionenstrahlverfahren lassen sich die mechanischen und chemischen Oberflächeneigenschaften von Bauteilen gezielt einstellen, weil die chemische Zusammensetzung in der bestrahlten Randschicht durch Steuerung der Energie und Dosis der Ionen definiert werden kann [74, 95, 96].

In Tabelle 1 sind die verschiedenen Varianten der Ionenstrahltechniken und die damit erzeugten Oberflächenmodifikationen gegenübergestellt.

Tabelle 1: Verfahrensvarianten der Ionenstrahltechniken und resultierende Grenzschichten. Nach [95]

VERFAHREN	PROJEKTIL	SUBSTRAT	RESULTAT	BEISPIEL	ANWENDUNG
IMPLANTATION	Alle Arten von Ionen		Legierung 10 nm bis 1 µm	N → Stahl Ti → Stahl Cr → Stahl	Verschleiß Reibung Korrosion
IONENSTRAHLMISCHEN	vorwiegend Edelgasionen bis 50 nm Deposition bis 500 nm		Mischung/Legierung 20 bis 200 nm	Sn → Stahl Cr → Stahl Pd → Titan Cr,Y → Superlegierung	Reibung Korrosion Korrosion H. T.-Oxidation
GRENZSCHICHT-MISCHEN	Edelgasionen		Beschichtung und gemischte Grenzschicht bis 500 nm	MoS_2 auf Stahl Au auf Teflon Au auf SiO_2	Reibung Metallisierung Metallisierung
IONENSTRAHLGE-STÜTZTES BE-SCHICHTEN	Ionen (inert oder reaktiv) Atome (aufgedampft, gesputtert)		Beschichtung und gemischte Grenzschicht bis >10 µm	TiN auf Stahl BN auf Stahl Al auf Stahl	Verschleiß Verschleiß Korrosion

Die Ionenstrahlverfahren weisen gegenüber vergleichbaren Beschichtungstechniken folgende **Vorteile** auf [64, 73, 74, 97]:

- Es lassen sich nahezu alle Elemente in fast alle Grundwerkstoffe implantieren. Es ist die Bildung von metastabilen und glasartigen oder amorphen Zuständen ebenso möglich wie die Einlagerung von Gasen; selbst Edelgase können implantiert werde. Durch anschließendes Anlassen können fein verteilte Ausscheidungen von Elementen oder Phasen erzwungen werden.

- Es wird keine herkömmliche Beschichtung erzeugt, sondern eine Oberflächenlegierung. Haftungsprobleme mit dem Substrat können nicht auftreten; die durch Ionenimplantation veränderte Randzone ist Bestandteil des Grundwerkstoffs. Die Haftung einer Schicht auf dem Substrat, die mit anderen Verfahren aufgebracht wurde, läßt sich durch Ionenstrahlverfahren verbessern.

- Die Oberflächenmodifizierung erfolgt ohne Beeinflussung der Volumeneigenschaften des Grundwerkstoffes. Die Erzeugung von Oberflächen mit hochwertigen Eigenschaften auf preiswertem Grundwerkstoff ist damit möglich. Die Erhaltung der Oberflächenstruktur gestattet die Behandlung von konventionell nicht vergütbaren Präzisionsbauteilen.

- Es können Synergieeffekte mehrerer implantierter Atome auftreten. Die Implantation von Molybdän und Schwefel in Stahl hat beispielsweise einen ähnlichen Einfluß auf die tribologischen Eigenschaften wie eine Schmierung mit MoS_2.

- Der Implantationsvorgang läßt sich leicht und zuverlässig durch die Steuerung der elektrischen Stellgrößen des Beschleunigers kontrollieren. Dadurch erreicht man eine gute Reproduzierbarkeit der Implantationsparameter und eine hohe Flexibilität in der Fertigung. Fremdatomkonzentrationen sind damit zwischen Spuren und etwa 50 % einstellbar. Die Implantationstiefe ist bis zur anlagen- und prozeßbedingt maximal möglichen Tiefe frei wählbar.

- Durch Kühlung ist eine Behandlung bei nahezu beliebigen Temperaturen möglich. Verzugsprobleme sind daher ebenso ausgeschlossen wie unerwünschte Phasenumwandlungen.

- Es können fertig bearbeitete Werkstücke behandelt werden. Eine Nachbearbeitung ist nicht erforderlich. Die Teile bleiben absolut maßhaltig; Maßänderungen wären höchstens im atomaren Bereich registrierbar.

- Größere Werkstücke können im Gegensatz zu den meisten Beschichtungsverfahren partiell behandelt werden.

- Die Bestrahlung ist wiederholbar, ohne sonstige Werkstückeigenschaften negativ zu beeinflussen.

- Im Gegensatz zu vielen Beschichtungsverfahren zeichnen sich die Ionenstrahltechniken durch Umweltfreundlichkeit aus, da keine Entsorgung von Abfällen, wie

z. B. giftige Salze oder Bäder, notwendig wird. Vakuumverfahren erfordern system-
bedingt saubere Fertigungsbedingungen.

Den Vorteilen stehen einige **Nachteile** gegenüber:

- Da es sich bei den Ionenstrahltechniken um Vakuumverfahren handelt, sind sie
  technisch und finanziell aufwendig. Die Implantationszeit ist relativ lang. Die Vergü-
  tungskosten sind zwar hoch, aber mit den Kosten konventioneller Vakuumverfahren
  vergleichbar. Da es sich um allgemein noch nicht übliche Verfahren handelt, sind die
  Anlagenpreise noch relativ hoch. Außerdem ist meist noch eine Verfahrensentwick-
  lung und -optimierung für den jeweiligen Einsatzfall notwendig.

- Die erzielbaren Schichtdicken sind auf Bruchteile von μm bzw. auf wenige μm beschränkt, wodurch diese Techniken nur auf Systeme mit geringem Verschleiß oder
  mit in das Werkstückinnere diffundierender Vergütungsfront anwendbar sind.

- Es lassen sich wegen der geradlinigen Ausbreitung eines (unbeeinflußten) Ionen-
  strahls nur sichtbare Flächen implantieren; Hinterschneidungen sind nicht implan-
  tierbar.

Im Kapitel 2 wurden bereits einige Quellen aufgeführt, die über den derzeitigen Stand der
Ionenstrahltechniken ausführlich informieren [61 – 81].

4.1.1 Verfahrensvarianten
4.1.1.1 Ionenimplantation

Beim Ionenimplantieren werden Atome oder Moleküle in einer Ionenquelle ionisiert, auf
Energien von 20 bis 400 keV beschleunigt und direkt in die Oberfläche des zu behan-
delnden Werkstückes geschossen. Der Vorgang muß daher im Vakuum erfolgen. Bild 3
zeigt schematisch die auftreffenden Ionen und den Weg der Ionen in den Festkörper bis
zum Stillstand.

Je nach Energie und Masse des auftreffenden Ions werden bis zu 10 Atome von der
Oberfläche herausgeschlagen („zerstäubt" bzw. „gesputtert"). Bei Implantation mit einer
großen Dosis ist es daher durchaus möglich, daß zuvor implantierte Ionen selbst wieder
abgesputtert werden. Deshalb ist die maximal erreichbare Konzentration der implantierten Ionen auf etwa 10 bis 50 Atom-% beschränkt.

Auf dem Weg in den Kristall werden Elektronen des Festkörpers angeregt oder es kommt
zu Stößen mit den Festkörperatomen. Dadurch verlieren die Ionen ihre Energie an den
Festkörper, sie werden abgebremst und die abgegebene Energie erwärmt den Kristall.
Bei überwiegender Elektronenanregung ist der Weg geradlinig; dies ist bei hochenergetischen und leichten Ionen der Fall. Finden mehr Stoßvorgänge statt, kommt es zu einer
größeren Streuung. Diese Unterschiede sind in Bild 3 angedeutet. Argon ist mit seiner
relativen Atommasse (Atomgewicht) von 40 mehr als doppelt so schwer wie Stickstoff
mit einer relativen Atommasse von 14. Entsprechend dringt das Stickstoffion bei gleicher

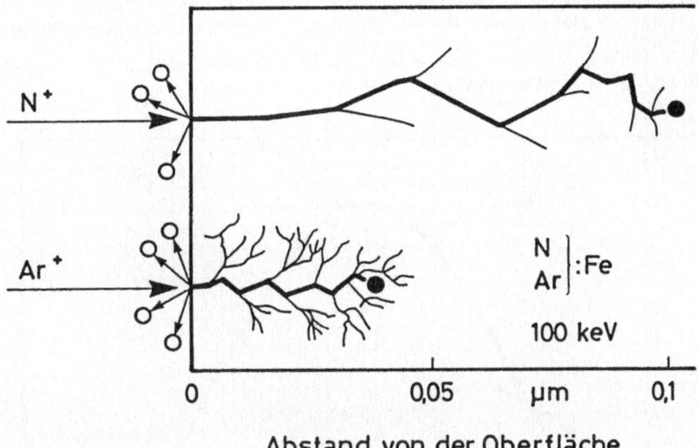

Abstand von der Oberfläche

Bild 3: Schematische Darstellung von Implantationsvorgängen. Nach [95, 98]

Energie wesentlich tiefer in den Kristall ein als das Argonion, das dafür mehr Stöße mit Gitteratomen durchführt.

Die Energieabgabe ist längs der Ionenbahn nicht konstant. Je stärker das Ion abgebremst wird, desto größer ist die Wahrscheinlichkeit, daß es durch Elektroneneinfang neutralisiert wird und dadurch wiederum die Wahrscheinlichkeit für elastische Stöße mit Gitteratomen erhöht wird. Dabei wird gegenüber einem Stoß mit einem viel leichteren Elektron ein Vielfaches der Energie übertragen. Die Entfernungen zwischen den nun sehr energiereichen Stößen sind gering; die meisten Atome in der Umgebung des einfallenden Teilchens, dessen Energie auf etwa 10 keV bis 50 eV abgenommen hat, befinden sich in Bewegung. Es finden wie in einem heißen Gas häufig Stöße zwischen den Atomen statt. Die englische Bezeichnung „thermal spike" für diesen Zustand macht die Analogie dieser lokal zerstörten Gitterstrukturen zu einer unterirdisch stattfindenden Explosion deutlich.

Bei Ionendosen $> 10^{15}\,cm^{-2}$ ist die gesamte Randzone des bestrahlten Targets von Stoßkaskaden erfaßt [95]. Die zur Beeinflussung der mechanischen Eigenschaften von metallischen Werkstoffoberflächen notwendigen Implantationsdosen liegen im Bereich von $> 10^{16}$ Ionen/cm^2, was z. B. für Stickstoffionen, die mit einer Energie von 100 keV und einer Dosis von $10^{17}\,N^+cm^{-2}$ in Stahl implantiert werden, einer maximalen Konzentration von etwa 11 bis 12 Atom-% entspricht [99].

Eindringtiefe und Konzentrationsverteilung hängen von der Energie der Ionen und vom Bremsvermögen des Substrats, das seinerseits von der Kombination Ion−Substrat und von der Ionenenergie bestimmt wird, ab. Näherungsweise ergibt sich eine Pearsonverteilung (ähnlich der Gaußverteilung) der implantierten Elemente um die mittlere Reichweite [100, 101]. Für Stickstoffionen mit 100 keV Energie, die in Eisengrundwerkstoffe implantiert werden, beträgt diese etwa 0,1 µm. Durch strahlungsverstärkte Diffusion und

Oberflächenzerstäubung kann die Verteilung jedoch auch deutlich von der Pearsonverteilung abweichen. Bild 4 zeigt die Ergebnisse einer theoretischen Berechnung der Reichweitenverteilung monoenergetischer N^+-Implantation mit einer relativ niedrigen Dosis sowie der erzeugten Schäden.

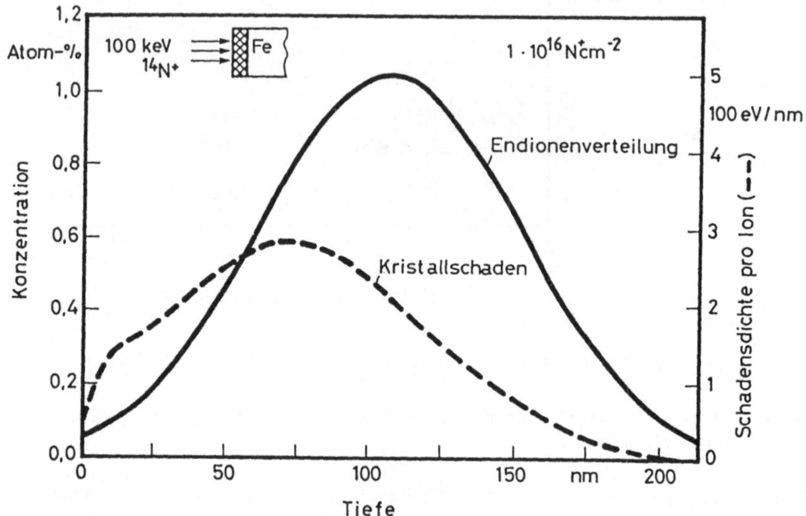

Bild 4: Theoretische Reichweitenverteilung implantierter Stickstoffionen in Eisen und die erzeugte Kristallschadensdichte. Nach [102] in [70]

Das Tiefenprofil der Schadensdichte hat das Maximum typischerweise bei etwa 70 % der mittleren Eindringtiefe der Ionen. Bei Stickstoffimplantation in Stahl mit $10^{17}\,N^+cm^{-2}$ und einer Ionenenergie von 100 keV liegt das Maximum der Schadensdichte ebenfalls bei etwa 75 nm Tiefe. Der Maximalwert beträgt dabei etwa 55 dpa (dpa – displacements per atom), d. h. jedes Atom wird 55 mal verlagert. Leerstellenreiche Gebiete kollabieren größtenteils durch Rekombination von Zwischengitteratomen und Leerstellen. Beweglichere Zwischengitteratome haben die Neigung zur Agglomeration. Bereits vorhandene bzw. implantierte gitterfremde Elemente oder Dotierungselemente nehmen in der Regel bevorzugt an derartigen Umordnungen teil. Andere Defekte wandern zu Senken wie Versetzungen, Korngrenzen oder der Oberfläche. Durch eine Anlaßbehandlung der bestrahlten Oberfläche entsteht ein dichtes Versetzungsnetzwerk in der Art, wie es durch Kaltumformung erzeugt wird [99].

Das Einbringen von Fremdatomen und Defekten führt zu zu hohen lateralen Druckspannungen [103]. In der Literatur wird eine Parallele gezogen zum Kugelstrahlen, wobei demnach die Wirkung der Ionenimplantation mit Kugelstrahlen im atomaren Maßstab umschrieben wird. Die induzierten Druckspannungen wirken sich hinsichtlich der Ermüdungslebensdauer von Bauteilen sowie des Einlaufverhaltens von verschleißbeanspruchten Werkzeugen und Bauteilen positiv aus. Bild 5 zeigt theoretische Konzentrationsverteilungen von implantierten Stickstoffionen in einem Eisensubstrat für verschiedene Ionenenergien.

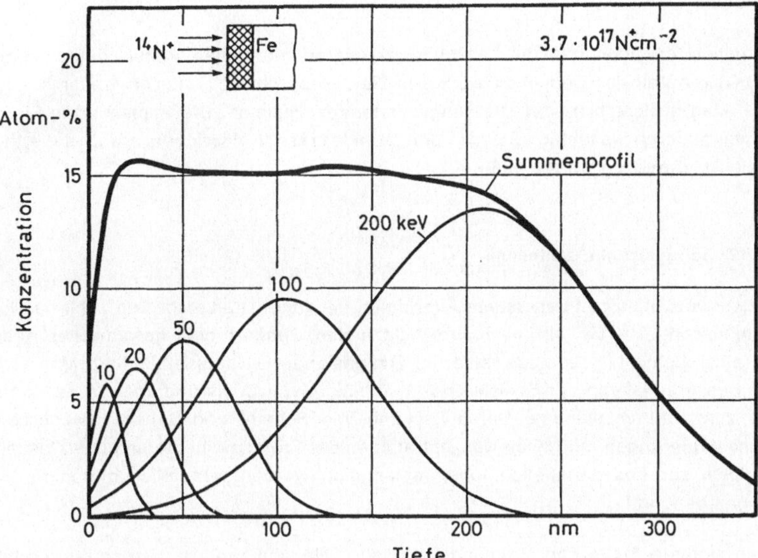

Bild 5: Theoretische Reichweitenverteilung von Stickstoff in Eisen für verschiedene Ionenenergien und -dosen. Nach [102, 104] in [70]

Im gezeigten Beispiel wurde in aufeinanderfolgenden Bestrahlungen die Energie der Ionen und die Dosis schrittweise erhöht, so daß sich die einzelnen Verteilungskurven zu einem fast konstanten Profil von dicht unter der Oberfläche bis in die Tiefe von etwa 200 nm mit anschließendem Abfall entsprechend des Profils der maximalen monoenergetischen Implantation addieren.

Die beschriebenen Reichweitenverteilungen lassen sich solange einstellen, wie die Bestrahlung nicht zu intensiv erfolgt. Unter gewissen Bedingungen werden jedoch Mechanismen wirksam, die bei fortschreitender Implantation die Verteilungen ändern. Durch Absputtern an der Oberfläche beispielsweise können Tiefenprofile entstehen, bei denen sich das Maximum der implantierten Elemente direkt an der Substratoberfläche befindet. Dieser Zustand wird zwar nicht oft erreicht, jedoch besteht die Tendenz zum Verschieben des Konzentrationsmaximums zur Oberfläche hin.

Ein gegenläufiger Effekt kann eintreten, wenn durch genügend hohe Implantationstemperaturen Diffusion begünstigt wird. Dabei verbreitert sich das Konzentrationsprofil, da die implantierten Atome − wie die Atome des Grundwerkstoffes − zum einen auf Grund der

Statistik isotrop diffundieren und sich so im Substrat verteilen. Außerdem spüren sie eine treibende Kraft entgegen dem Konzentrationsgradienten. Da die Oberfläche – speziell bei gasförmigen Ionen – als Senke wirkt, diffundiert ein größerer Anteil derselben dorthin, wodurch sich das Konzentrationsmaximum scheinbar zum Substratinneren hin verschiebt.

Bei hohen Ionendosen ist die Anzahl der erzeugten Leerstellen größer. Entsprechend ist auch der Anteil der Doppelleerstellen größer, wodurch die Diffusion weiter begünstigt wird. Man spricht hier von strahlungsverstärkter Diffusion. Die implantierten Elemente können dadurch wesentlich tiefer in den Grundwerkstoff eindringen, als dies die theoretische Reichweite erwarten ließe.

4.1.1.2 Ionenstrahlmischtechnik

Zu den wirtschaftlich interessanten Varianten der Ionenstrahltechniken zählt das Ionenstrahlmischen. Hierbei wird nach dem Aufdampfen, Sputtern oder galvanischen Abscheiden einer Schicht – vorzugsweise mit Edelgasionen – ionenimplantiert. Man erreicht eine bessere Haftung der Schicht und – abhängig von Dosis und Energie der Ionen – eine zum Teil vollständige Durchmischung von Schicht und Substrat, wodurch sich Zwangslegierungen mit hohen Konzentrationen der Fremdelemente erzeugen lassen. Im Vergleich zur konventionellen Ionenimplantation werden wesentlich geringere Ionenmengen benötigt.

Durch atomare Stöße und strahlungsverstärkte Diffusion kann es bereits bei Raumtemperatur zu einer vollständigen Durchmischung von aufgebrachter Schicht und Grundwerkstoff kommen; in der Regel wird dieser Vorgang durch Temperaturerhöhung beschleunigt. Die Energie der verwendeten Ionen muß so groß sein, daß ihre mittlere Reichweite größer oder mindestens gleich der Dicke der ursprünglich aufgebrachten Schicht ist. Infolge der vollständigen Durchmischung von Schicht und Substrat können Oberflächenlegierungen, Phasen, amorphe Schichten oder ein Gemenge von fein verteilten Partikeln verschiedener Eigenschaften entstehen.

Anders als bei der reinen Ionenimplantation können auf Grund der Parameter einer Ionenstrahlmischbehandlung keine eindeutigen Aussagen zu den Strukturen der entstehenden Randzone gemacht werden. Obwohl die theoretischen Grundlagen der Schichtbildung noch nicht genau geklärt sind, können jedoch einige Regeln bereits angegeben werden [74]:

- In Systemen mit lückenloser Mischkristallbildung bzw. ohne größere Mischungslücke ist Schichtbildung durch Ionenstrahlmischen möglich.

- In Systemen, die im thermodynamischen Gleichgewicht Phasen mit einem relativ weiten Variationsbereich der chemischen Zusammensetzung von beispielsweise 10 Atom-% bilden, können diese Phasen auch beim Ionenstrahlmischen entstehen. Dies setzt allerdings eine einfache Struktur der Phase voraus.

- Treffen die ersten beiden Bedingungen nicht zu, dann kann es entweder zu keiner homogenen Mischung kommen oder die Randzone des Substrats wird amorphisiert. Amorphisierung tritt vor allem dann ein, wenn die Gitterstrukturen von Grund- und Beschichtungswerkstoff voneinander abweichen.

- Die Wirksamkeit der Durchmischung nimmt innerhalb einer Reihe vergleichbarer Kombinationen von Beschichtungs- und Grundwerkstoff mit der Mischungsenthalpie zu [105, 106].

Die Verwendung von Mehrlagenschichten bekannter Dicke und Zusammensetzung und ausschließendes Durchstrahlen gestattet in vielen Fällen die Herstellung bestimmter Phasen oder Strukturen mit stöchiometrischer Zusammensetzung [107].

4.1.1.3 Grenzschichtmischen

Beim Grenzschichtmischen wird der Ionenstrahl in Intensität und Energie so festgelegt, daß die Beschichtung nicht vollständig in den Grundwerkstoff eingemischt wird, sondern nur der Bereich der Phasengrenze durchmischt wird. Prinzipiell ist das Verfahren dem Ionenstrahlmischen vergleichbar. Man erhält eine weitgehend unveränderte Oberfläche der Beschichtung, die jedoch gegenüber dem ursprünglichen Zustand wesentlich besser mit dem Substrat verzahnt ist. Außerdem ist es möglich, ungleichmäßig abgeschiedene Oberflächenschichten durch Grenzschichtmischen zu homogenisieren [108].

4.1.1.4 Ionenstrahlgestütztes Beschichten

Bei diesem Verfahren, das überwiegend mit IBAD — Ion Beam Assisted Deposition — bezeichnet wird, wird der Grundwerkstoff durch Verdampfen oder Sputtern beschichtet und gleichzeitig oder abwechselnd mit einem Ionenstrahl in derselben Vakuumkammer behandelt. Eine Bestrahlung mit inerten Ionen ist genauso möglich wie mit reaktiven Ionen, z. B. Kohlenstoff oder Stickstoff. Die erzeugten Schichten sind wie beim Ionenstrahl- oder Grenzschichtmischen fest mit dem Substrat verzahnt oder durchmischt, sie unterliegen aber nicht den Dickenbeschränkungen der vorgenannten Verfahren. Im Gegensatz zu den ionenunterstützten PVD-Verfahren besteht die Möglichkeit, mit wesentlich höheren Ionenenergien von 10 bis 100 keV zu arbeiten und Energie, Dosis und Auftreffwinkel der Ionen unabhängig voneinander in weiten Grenzen durchzustimmen [109].

4.1.2 Randzonenbeeinflussung durch Ionenstrahltechniken

In der Technik wurden harte und zähe Werkstoffe wie Stähle und seit den dreißiger Jahren auch Hartmetalle entwickelt, um verschleißbeständige Oberflächen zu erhalten. Verbesserte Eigenschaften werden oft durch Diffusionsverfahren, wie z. B. beim Nitrieren oder Borieren, oder durch Beschichtungen, beispielsweise mit TiN oder TiC, erzielt. Dabei wird — vereinfacht ausgedrückt — eine hohe Konzentration von Beschichtungswerkstoff eingebracht; dieser bildet in der Randzone starke Bindungen mit dem Grundwerkstoff bzw. anderen Bestandteilen. Verglichen mit verschiedenen Diffusionsverfahren, wie Nitrieren, Aufsticken, Borieren oder Aufkohlen, überrascht es nicht, daß die Ionenimplantation von Stickstoff, Bor oder Kohlenstoff ähnliche Effekte verursachen sollte. In implantiertem Eisen und in Stählen wurden Nitride und Carbide beobachtet, siehe z. B. [110].

Auf Grund der Nichtgleichgewichtsnatur der Ionenimplantation kann man jedoch nur mit Einschränkungen vom Gleichgewichtszustandsdiagramm der beteiligten Elemente ausgehen. Der Eindringvorgang der hochenergetischen Teilchen findet weitab vom thermodynamischen Gleichgewicht statt. Es können amorphe, metastabile und stabile kristalline Phasen entstehen. Allgemeine Gesetze der klassischen Thermodynamik, wie z. B. das *Gibbs*sche Phasengesetz, können nicht angewandt werden; Mischkristallöslichkeitsgrenzen können überschritten werden.

Die im Festkörper erzeugten Strahlenschäden können je nach Bindungstyp unterschiedlich gut ausheilen. Die Mobilität der ionenimplantierten Atome kann zunächst relativ groß sein. Außerdem sind bei der strukturellen Umwandlung der bestrahlten Randschicht die chemische Affinität des implantierten Fremdelements und des Substrats sowie der Einfluß der implantierten Atome auf die kristalline Struktur wichtige Faktoren [95].

4.1.2.1 Implantationsbedingte Strukturveränderungen

Die Erklärung der Bildung von Verbindungen oder Phasen durch Ionenimplantation bei Raumtemperatur setzt die Kenntnis der Vorgänge in der Stoßkaskade während des Eindringens des beschleunigten Ions in die Randzone eines Festkörpers voraus. Dabei wird kurzzeitig eine Druck- und Temperaturerhöhung in der Stoßkaskade induziert, was zur Bildung des sogenannten Spikes führt. Auf der Grundlage eines Konzeptes von *Carter* [111] wurde von *Rauschenbach* et al. ein Kompressionswellenmodell entwickelt, das Massen- und Energietransport beinhaltet [112]. Die Geschwindigkeit der Kompressionswelle übersteigt die Schallgeschwindigkeit um Größenordnungen, so daß hier von Hypergeschwindigkeit gesprochen wird. Die Energie der Wellenfront wird sehr schnell in den umgebenden Festkörper dissipiert. Bei der Ausbreitung der Kompressionswelle werden Temperatur und Druck des Mediums extrem erhöht, wodurch ein überhitzter flüssiger Zustand erzeugt wird. Der Radius des „geschmolzenen" Bereichs beträgt zum Beispiel bei einer Implantation von Kohlenstoffionen in Eisen mit einer Ionenenergie von 100 keV etwa 35 nm [112]. Die Druckabhängigkeit der Schmelztemperatur ist ein wichtiger Aspekt bei der Erklärung verschiedener implantationsbedingter Strukturveränderungen; hierzu zählen Phasenbildungen bzw. -umwandlungen, Amorphisierung und Bildung von Verbindungen nach Ionenimplantation.

Als Folge der Implantation treten besondere Formen von Platzwechselvorgängen im Festkörper auf. Hierzu zählen die strahlungsverstärkte Diffusion (radiation-enhanced diffusion − RED) und die strahlungsinduzierte Segregation (radiation-induced segregation − RIS) [98].

4.1.2.2 Phasenbildung

In der Literatur bis zu Beginn der frühen achtziger Jahre wurde bereits gezeigt, daß Implantation mit niedrigem Ionenfluß normalerweise kristalline Phasen erzeugt, die nach einer Anlaßglühung in Gleichgewichtsphasen übergehen [71]. Implantationen mit höherem Ionenfluß, die in Konzentrationen von mehr als 10 Atom-% resultieren, erzeugen manchmal amorphe Zustände in solchen Legierungssystemen, in denen dies auch durch rasche Abschreckung stattfindet. Bis dahin gab es jedoch noch keinen systematischen Trend, der zur Vorhersage der Eigenschaftsveränderungen eines metallischen Systems auf Grund von Ionenimplantation geeignet gewesen wäre. In jüngerer Zeit wurden viele Arbeiten zur Stickstoffimplantation in Metalle, räumlichen Anordnung und Mikrostruktur der Phasen, Einfangmechanismen der Verunreinigungen, sowie Bildung metastabiler oder amorpher Phasen durchgeführt. Eine Übersicht gibt *McHargue* in [71].

Folgende Richtlinien für die Phasenbildung durch Ionenimplantation können nach *Leutenecker* aufgestellt werden [95]:

- **Stabile Mischkristalle** entstehen bei löslichen Systemen, wie z. B. Cr^+ in Fe.
- **Metastabile Mischkristalle** werden bei nichtlöslichen – reaktiven und nicht reaktiven – implantierten Elementen entstehen, z. B. Au^+ oder Pb^+ in Fe. Wenn das Fremdelement hochdotiert implantiert wird oder das Mischkristallsystem thermisch ausheilen kann, werden sehr fein verteilte Ausscheidungen des Fremdelements oder seiner Verbindungen mit dem Substratelement gebildet.
- **Stabile Phasen** entstehen, wenn reaktive Elemente mit hoher Bildungsenthalpie (z. B. N^+ in Al) implantiert werden.
- öfter entstehen jedoch **metastabile Phasen**, die entweder
  - kristallin (z. B. N^+ in Fe) oder
  - amorph (z. B. B^+ in Fe)

  sein können.

4.1.2.3 Phasenumwandlungen

Zu Zwecken der Verschleißminderung hat vorwiegend die Ionenimplantation von Metalloiden wie Stickstoff, Kohlenstoff und Bor praktische Bedeutung erlangt. Wenn beim Implantationsvorgang die Dosis so hoch ist, daß auf Grund der hohen Dichte der Verlagerungskaskaden sich die einzelnen Spikes berühren oder überlagern, tritt vollständige Amorphisierung der implantierten Schichten ein. Vom thermodynamischen Standpunkt aus befinden sich die amorphen Metall-Metalloid-Verbindungen in einem metastabilen Gleichgewicht. Selbst eine geringe Energiezufuhr kann schon zur Rekristallisation führen. Dabei werden im allgemeinen verschiedene metastabile Zustände durchlaufen. Durch Implantation von Bor in Eisengrundwerkstoffe hergestellte amorphe Eisenboridverbindungen rekristallisieren beispielsweise über die metastabile kristalline Fe_4B-Phase (kfz) zum metastabilen orthorhombischen Fe_3B, das bei hohen Temperaturen in das stabile Fe_2B umgewandelt wird [113].

Im allgemeinen gehorcht die Phasenumwandlung der mittels Ionenimplantation erzeugten metastabilen kristallinen und amorphen Verbindungen der *Ostwald*schen Stufenregel [96,113]. Demnach entsteht zuerst eine metastabile Hochtemperaturphase, die bei entsprechender Temperaturabsenkung in eine stabile Raumtemperaturphase übergeht.

Nicht jede Implantation von Metalloiden in Metalle führt zur Bildung amorpher Verbindungen. Bei der Implantation von Stickstoff in Eisen konnten beispielsweise noch keine amorphen Phasen nachgewiesen werden. Das gleiche gilt für die Implantation von Stickstoffionen in Aluminium und Titan, von Kohlenstoffionen in Aluminium und Borionen in Tantal [113].

Eine Vorhersage des Auftretens amorpher oder kristalliner Zustände ist nach einem modifizierten Kriterium von *Hägg* [114] und der Vorstellung einer Einlagerung von Metalloidatomen in der Matrix der Metallatome des Festkörpers möglich; elektronische Kriterien, ähnlich der *Hume-Rothery*-Regel, spielen nur eine untergeordnete Rolle [113]. Danach entstehen einfache Einlagerungsstrukturen, wenn das Verhältnis $R = \dfrac{r_{\text{Metalloidatom}}}{r_{\text{Metallatom}}}$ (kovalente Radien) $\leq 0{,}59$ ist. Wird dieses Verhältnis größer, ist eine einfache Einlagerung des Metalloids im Gitter nicht mehr möglich. Eine kompliziertere Struktur ist erforderlich, d. h. Umlagerungsvorgänge finden statt. Bei der Ionenimplantation werden also bei $R \leq 0{,}59$ die implantierten Metalloidatome im metallischen Grundwerkstoff eingelagert, während bei $R > 0{,}59$ innerhalb der Lebensdauer der Spikes von 10^{-12} bis 10^{-10} s die Umordnungs- und Neukristallisationsvorgänge stattfinden müßten. Da dies in den meisten Fällen wegen der kurzen Zeit nicht möglich ist, wird die durch die Implantation initiierte amorphe Struktur „eingefroren".

Oberhalb des Radienverhältnisses von $R = 0{,}88$ ist experimentell kein amorpher Zustand mehr nachweisbar [115]. Daher kann nur für $0{,}59 < R < 0{,}88$ eine amorphe Metall-Metalloid-Verbindung nach Ionenimplantation erwartet werden. Bild 6 zeigt aus der Literatur bekannte, durch Ionenimplantation hergestellte Verbindungen in Abhängigkeit ihrer Atomradien. Die in dieser Untersuchung verwendeten Metall-Metalloid-Verbindungen sind schwarz unterlegt dargestellt.

Das Standardsystem für tribologische Anwendungen, d. h. stickstoffimplantierte Eisengrundwerkstoffe, ist das bisher am systematischsten untersuchte metastabile System. Im Dosisbereich von $1 \cdot 10^{16}$ bis $1 \cdot 10^{18}\ \text{N}^{+}\text{cm}^{-2}$, der zur Beeinflussung der mechanischen Eigenschaften bevorzugt verwandt wird, werden durch Implantation von Stickstoff in Eisen oder Stahl kristalline Phasen gebildet [116]. Nach *Rauschenbach* et al. entsteht nach Implantation bei Raumtemperatur im Dosisbereich von $1 \cdot 10^{16}$ bis $1 \cdot 10^{18}\ \text{N}^{+}\text{cm}^{-2}$ die γ-Austenit-Mischkristallphase (kfz). Unter konventionellen Bedingungen kann diese Phase nur oberhalb des Eutektischen Punkts dargestellt werden und ist der Ausgangspunkt der Martensitbildung bei rascher Abkühlung. Oberhalb einer Dosis von $4 \cdot 10^{16}\ \text{N}^{+}\text{cm}^{-2}$ entstehen bei Raumtemperaturimplantation neben dem γ-Austenit weitere Eisennitridphasen wie α'-Martensit (tetragonal-raumzentriert – trz), α''-Fe_{16}N_2 (trz) und ε-$\text{Fe}_2\text{N}_{1-x}$ (hexagonal). Diese Phasen sind alle metastabil. Außerdem wurde gefunden, daß oberhalb einer Implantationsdosis von $7{,}5 \cdot 10^{16}\ \text{N}^{+}\text{cm}^{-2}$ hexagonale Carbonitride vom Typ ε-$\text{Fe}_2(\text{C, N})_{1-x}$ nachgewiesen werden können [117].

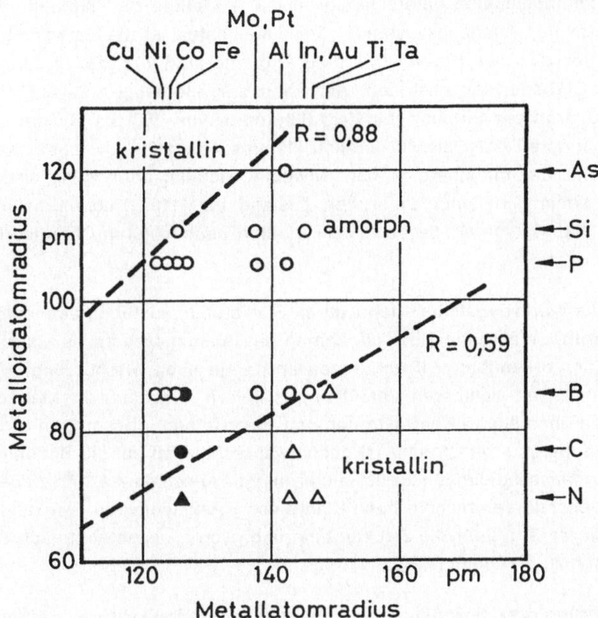

Bild 6: Darstellung des Verhältnisses *R* von Metalloidatomradius zu Metallatomradius. Nach [113]

○ In der Literatur beschriebene amorphe Metall-Metalloid-Verbindungen nach Ionenimplantation

△ In der Literatur beschriebene kristalline Metall-Metalloid-Verbindungen nach Ionenimplantation

●▲ In dieser Untersuchung durch Ionenimplantation hergestellte Metall-Metalloid-Verbindungen

4.1.2.4 Verminderung von Inhomogenitäten des Werkzeugwerkstoffes

Zu den strukturellen Veränderungen der Randzone von ionenimplantierten Werkzeugen zählen außer der Phasenbildung weitere Eigenschaftsveränderungen wie die Verminderung von Inhomogenitäten des Werkstoffs und die Erhöhung der Zähigkeit, der Druckeigenspannungen oder der Härte.

Hochlegierte Werkzeugstähle, wie auch der in dieser Untersuchung eingesetzte Kaltarbeitsstahl X 155 CrVMo 12 1, enthalten im nichtimplantierten Ausgangszustand Carbide des Typs M_3C (Zementit), M_7C_3 und $M_{23}C_6$. Diese Mischcarbide weisen im allgemeinen eine recht komplizierte Struktur auf. So enthält hier M_3C zum Beispiel neben Fe ca. 10 Masse-% Cr und nur geringe Anteile Mo und V. Die Sondercarbide enthalten neben Cr (ca. 60 bis 90 Masse-%) bis zu 36 % Fe, max. 8 % Mo und max. 6 % V [118].

Nach Stickstoffimplantation unterscheidet sich das Gefüge der implantierten Schichten stark von dem des Ausgangszustands. Am auffälligsten ist die Umwandlung der meist einkristallin vorliegenden Chromcarbide zu Agglomeraten von Mikrokristalliten, die vermutlich aus Carbonitriden bestehen. Am Rand der ehemaligen Carbide führt die Umwandlung zu gröberer Struktur mit Kristallitgrößen von 100 bis 200 nm Durchmesser, während im Inneren der Carbide deutlich kleinere Kristallite vorliegen. Nach *Föhl* und *Ruoff* erscheint der Innenbereich nur teilweise kristallin oder völlig strukturlos; Beugungsbilder deuten auf einen amorphen Zustand hin [118]. Diese Umwandlungsbilder wurden unabhängig von Größe und Form in allen beobachteten Chromcarbiden festgestellt.

Die Matrix des Werkzeugstahls erfährt durch Stickstoffimplantation ebenfalls eine deutliche Veränderung. Währende TEM-Aufnahmen des Ausgangszustands kontrastreiche Bilder mit deutlich erkennbaren Korngrenzen und – je nach Orientierung – hellen oder dunklen Körnern mit sichtbaren Versetzungen liefern, erscheint die Matrix der implantierten Proben ohne starke Kontraste und von einer feinen, griesartigen Struktur überlagert. Die Veränderung der Struktur ist höchstwahrscheinlich auf die Bildung äußerst fein verteilter Nitridausscheidungen zurückzuführen, vgl. Abschnitt 4.2.1.4. Außerdem ist die durch Ionenbeschuß verursachte hohe Dichte von Kristalldefekten (Punktdefektagglomerate) ein weiterer Grund für die Strukturänderung. Korngrenzen sind nach der Implantation kaum noch zu erkennen [118].

Die Verminderung oder Beseitigung von chemischen und mikrostrukturellen Heterogenitäten, wie es z. B. bei der Verfeinerung der Carbidstruktur der Fall ist, hat einen günstigen Einfluß auf die Verschleißbeständigkeit. Die Zähigkeit wird erhöht, die umgewandelten Carbide haben eine bessere Verbindung zur umgebenden Matrix, wodurch das Ausbrechen bei tribologischer Beanspruchung erschwert wird.

4.1.2.5 Einfluß einer Wärmebehandlung

Bei den zur Beeinflussung der tribologischen Eigenschaften von Werkzeugen erforderlichen Implantationsdosen kommt es beim Implantationsvorgang zu einer beträchtlichen Temperaturerhöhung des Targets, wenn keine Kühlung vorgenommen wird. Es gibt zwar in der Literatur keine systematischen Untersuchungen über den Einfluß einer sich an die Ionenimplantation anschließenden Wärmebehandlung auf die tribologischen Eigenschaften der Randzone, jedoch existieren Hinweise auf positive Auswirkungen einer Anlaßbehandlung nach Ionenimplantation [119, 120, 121].

Die möglichst umfassende Kenntnis über die Bildung von Phasen nach Ionenimplantation ist eine Voraussetzung zur Verschleißminderung. Zusätzlich zu den Eisennitridphasen werden durch thermische Behandlung und dadurch induzierte Umwandlungen weitere Phasen gebildet [122].

α''-Eisennitride haben eine große technische Bedeutung, weil Ausscheidungen dieses Typs für viele mechanische Eigenschaften verantwortlich sind. Zum Beispiel läßt sich nach *Hu* et al. die Ermüdungslebensdauer von Stahl nach Wechselbeanspruchung durch die Bildung von α''-$Fe_{16}N_2$ deutlich steigern [123]. *Goode* et al. haben gezeigt, daß der Verschleiß von Eisenwerkstoffen nach Implantation von $7 \cdot 10^{16}$ bis $1,2 \cdot 10^{18}$ N^+cm^{-2} beträchtlich vermindert wurde, wobei die Implantationstemperatur 120 °C betrug [124].

Mit Hilfe verschiedener Phasenanalysen [123 − 128] war es möglich, für das System „Target − implantierte Ionen" ein sogenanntes Dosis-Temperatur-Transformations-Diagramm (DTT-Diagramm) aufzustellen [96, 122]. Bild 7 zeigt das DTT-Diagramm für die Implantation von Stickstoff in Eisen. Im Gegensatz zum Gleichgewichts-Zustandsdiagramm (Bild A1 im Anhang) beschreibt dieses Diagramm metastabile Zustände weitab vom thermodynamischen Gleichgewicht und zeigt teilweise Abweichungen von der *Gibbs*schen Phasenregel.

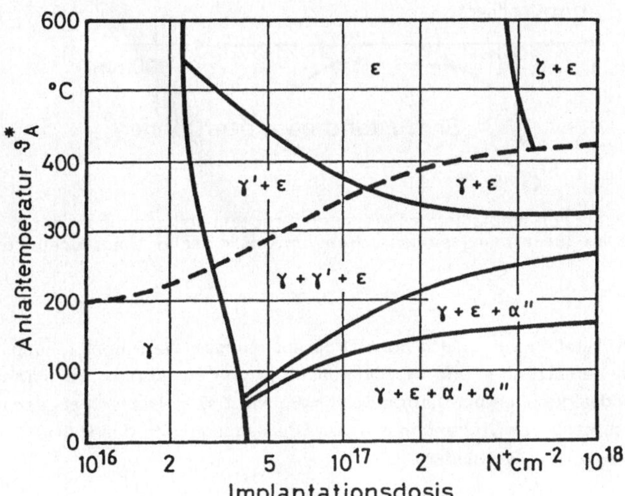

Bild 7: DTT-Diagramm nach Ionenimplantation von Stickstoff in Eisen. Nach [122]
α': Martensit / α'': $Fe_{16}N_2$ / γ: Austenit / γ': Fe_4N / ε: Fe_2N_{1-x} / ζ: Fe_2N

Eine im Anschluß an die Implantation durchgeführte Wärmebehandlung der implantierten Randzone ergibt diffusionsgesteuerte Phasenumwandlungen, in denen metastabile Phasen über verschiedene Zwischenstufen den stabilen Endzustand einnehmen [122]. Durch Stickstoffdiffusion wird α''-$Fe_{16}N_2$ (Typ I) in γ'-Fe_4N, α'-Martensit in α''-$Fe_{16}N_2$ (Typ II) und ε-Fe_2N_{1-x} (ε-Fe_2N) in ζ-Fe_2N umgewandelt.

4.1.2.6 Bildung verschleiß- und reibungsarmer Randzonen

Die Leistungssteigerung von Werkzeugen, die durch die Anwendung von Ionenstrahltechniken hervorgerufen wird, beruht auf der Oberflächenbeeinflussung der Randzone
mit einer Tiefenwirkung von größenordnungsmäßig maximal 1 μm. Deswegen wurden Ionenstrahltechniken zunächst verständlicherweise äußerst skeptisch beurteilt. Die Erzeugung hoher Druckeigenspannungen in der ionenimplantierten Oberfläche wird bei der
Probenpräparation für transmissionselektronenmikroskopische Untersuchungen deutlich
sichtbar. Bei implantierten Mustern biegen sich die Randbereiche im allgemeinen nach
dem Dünnen in Richtung des Inneren des implantierten Festkörpers, siehe Bild 8. Dies
zeigt den hohen Anteil von Druckspannungen im Oberflächenbereich der implantierten
Probe. Bei anderen Geometrieverhältnissen und Ausbildungsformen des implantationsbedingten Konzentrationsprofils in der Randzone kann die Biegung auch in entgegenge-
setzter Richtung auftreten [129].

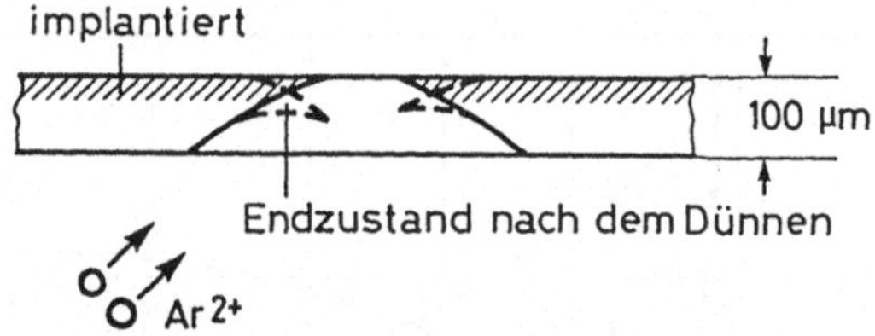

Bild 8: Freisetzung von implantationsbedingten Druckeigenspannungen durch Probenpräparation für transmissionselektronenmikroskopische Untersuchungen. Nach
[130]

Bei duktilen Werkstoffen verhindern hohe Druckspannungen die Rißentstehung und das
Eindringen von Versetzungen von der Oberfläche in den Festkörper. Bei härteren und
spröderen Grundwerkstoffen und harten Schichten, wie z. B. galvanisch abgeschiedenen
Chromschichten, kann das Vorhandensein von Druckspannungen das Rißwachstum von
vorhandenen Mikrorissen verhindern [131].

Die Verfeinerung der Mikrostruktur ionenimplantierter Randzonen von Werkzeugen läßt
nur kurze Gleitstrecken zu. Dadurch wird die Möglichkeit, daß durch Anhäufung von Versetzungen Anrisse entstehen, herabgesetzt [129]. Diese Homogenisierung der Randzone
hat ein günstiges Einlaufverhalten implantierter Oberflächen zur Folge [95]. Die implantationsbedingte Verfeinerung vorhandener Nitride dürfte auch die Ursache dafür sein, daß
nitrierte Werkzeuge durch Ionenimplantation eine weitere Leistungssteigerung erfahren
[66, 132].

In Analogie zur konventionellen Randschichthärtung durch Nitrieren ist die Implantation
von Stickstoff in Stähle das am weitesten verbreitete Verfahren zur Härtung der Randzone. Der Stickstoff festigt – ähnlich wie Kohlenstoff – bei relativ niedrigen Dosen die
ferritische Phase durch Lösungshärtung, indem der Mischkristall stark übersättigt wird,
sowie durch Dekoration der Versetzungen [88], was zu einer Härtung des Werkstoffs

durch „Pinning" der Versetzungen beiträgt [133]. Derartig dekorierte Versetzungen werden oft mit Cottrellwolken verglichen [134].

Nach Ausschöpfen dieser Mechanismen wird der Hauptbeitrag zur Härtung allerdings durch Bildung eines Netzwerkes feinverteilter metastabiler und stabiler Nitride erbracht [135]. Das Entstehen der extrem fein verteilten Ausscheidungen wird dadurch begünstigt, daß die implantierten Atome äußerst fein dispergiert vorliegen.

Die Implantation von Stickstoff ist besonders wirkungsvoll in Stählen, die Sondernitridbildner, wie z. B. Chrom, enthalten [136]. Es kann nachgewiesen werden, daß z. B. in legierten Werkzeugstählen nach Stickstoffimplantation der Stickstoffgehalt in den ursprünglichen Carbiden deutlich über dem der Matrix liegt [118]. Angaben über den jeweiligen Existenzbereich sowie Gitteraufbau der wichtigsten stabilen Eisennitride enthält Tabelle A1 im Anhang [137]. Diese Nitride weisen eine begrenzte Löslichkeit für Kohlenstoff auf. Tabelle A2 im Anhang enthält Angaben über Aufbau und Zusammensetzung einiger Nitride der wichtigsten Legierungselemente der Stähle, die in der vorliegenden Arbeit als Werkzeugwerkstoffe verwendet wurden.

4.1.3 Ionenimplanter zur Randzonenbeeinflussung

Die Ionenimplantation zählt als Fertigungsverfahren zur Dotierung von Halbleitern weltweit schon seit Jahren zum Stand der Technik. Die entsprechenden Anlagen weisen inzwischen einen hohen Entwicklungsstand auf. Allerdings wird zur Bestrahlung der flachen Wafer nur eine sehr einfache geometrische Konstruktion benötigt, und die Ionenarten sind auf wenige nichtmetallische Elemente beschränkt.

Die Anforderungen an Anlagen zur Bestrahlung von Werkzeugen oder Bauteilen unterscheiden sich deutlich von diesen Spezifikationen. Es werden wesentlich größere Ionendosen als zur Dotierung von Halbleitern benötigt.

Bild 9 zeigt schematisch den Aufbau einer Ionenimplantationsanlage. Die zu ionisierende Substanz muß der Ionenquelle gasförmig zugeführt werden. Durch Anlegen eines entsprechenden elektrischen Feldes werden die Ionen aus der Quelle extrahiert und zu der auf Grundpotential befindlichen Targetkammer hin beschleunigt. Der Magnet und die anschließende Blende dienen der Massenseparierung (für Tribologieimplanter unter Umständen entbehrlich). Bei den typischerweise verwendeten Ionendosen von 10^{17} bis 10^{18} Ionen cm^{-2} liegen die üblichen Bestrahlungszeiten zwischen 1 bis 7 Stunden.

Es wird bereits ein Tribologieimplanter betrieben, dessen Targetkammer einen Durchmesser von 2,5 m und eine Tiefe von 2,5 m aufweist. Dort können Bauteile von über 1 t Gesamtgewicht bei gleichzeitiger Bewegung bestrahlt werden [133]. Ein historischer Überblick über die Entwicklung kommerziell eingesetzter Ionenimplantationsanlagen wird in [138] vermittelt; Angaben zu Konstruktionsvarianten befinden sich in der entsprechenden Fachliteratur, siehe z. B. [61, 62, 63, 139].

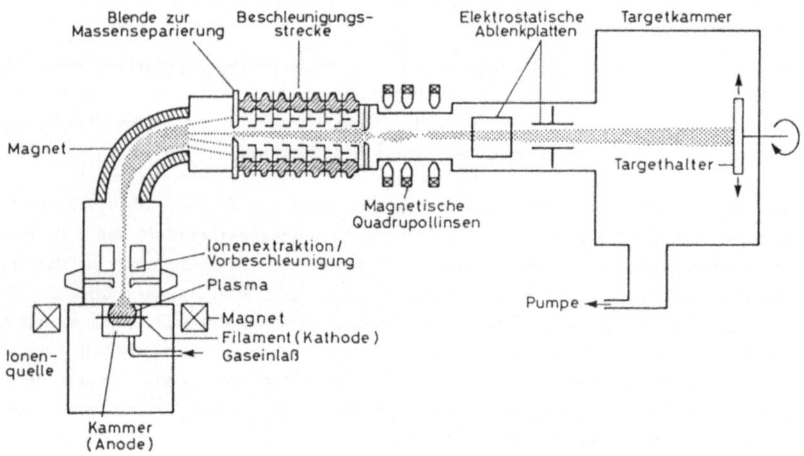

Bild 9: Aufbauschema eines Ionenimplanters zur Bestrahlung von Werkzeugen.

4.2 Ionenstrahltechniken in der Tribologie

4.2.1 Verschleißbedingte Mechanismen in ionenstrahlbehandelten Werkzeugoberflächen

4.2.1.1 Einfluß von implantationsbedingten Druckeigenspannungen

Ein Grund für die beobachtete Verschleißreduzierung kann in der Überlagerung von Druckeigenspannungen in der Randzone des betreffenden Werkstücks gesucht werden, wie sie durch Ionenimplantation hervorgerufen wird. Das Vorhandensein sehr großer Spannungen, wodurch auch mikroskopisch kleine Risse verschlossen werden können, wurde von *EerNisse* demonstriert [140]. Untersuchungen an angelassenen Stahlproben, die mit Stickstoff und Argon implantiert wurden, zeigten, daß Spannungen, die über der Zugfestigkeit lagen, in einem scharf begrenzten Gebiet durchaus erreicht werden können [103]. Diese Spannungen werden einerseits durch die implantierten überschüssigen Atome und andererseits durch die implantationsbedingten Werkstoffschäden induziert. Es ist signifikant, daß die Tiefe einer derart beeinflußten Randzone um das 10- bis 15fache tiefer in den Grundwerkstoff hineinreicht, als die Implantationstiefe der betreffenden Ionen ausmacht [141]. Wegen der hohen Druckspannungen sind die beobachteten Verschleißpartikel auch wesentlich feiner als die von nichtimplantierten Oberflächen, bzw. die Verschleißzonen implantierter Werkzeuge zeigen eine glattere Oberfläche als diejenigen nichtimplantierter Werkzeuge [142].

4.2.1.2 Wechselwirkung mit Legierungselementen

Nach Stickstoffimplantation in Stähle ist in den vorhandenen Carbiden im Vergleich zur benachbarten Matrix eine erhöhte Stickstoffkonzentration festzustellen. Es bilden sich sehr feine Carbonitride; teilweise ist das Innere der ehemaligen Carbide amorph [118]. Diese strukturellen Veränderungen wirken sich sehr positiv auf die Verschleißbeständigkeit aus, vgl. Abschnitt 4.1.2.4.

Neben der Bildung von Eisennitriden und der strukturellen Veränderung der Carbide muß davon ausgegangen werden, daß der implantierte Stickstoff mit verschiedenen Nitridbildnern Phasen bildet. Je höher der Stahl legiert ist, desto größer ist die Wahrscheinlichkeit für die Häufigkeit verschiedener Nitridphasen. In der Literatur gibt es Hinweise darauf, daß bei der vorliegenden Form des Stickstofftiefenprofils (siehe hierzu Abschnitt 5.3.2) in höher chromhaltigen Stählen mit annähernd normalverteiltem Peak und einer auslaufenden Verteilung zum Substratinneren hin Chromnitride vorliegen [121]. Diese behindern dann auch das Wegdiffundieren des Stickstoffs ins Innere des Werkzeugs.

Je niedriger die Bildungsenthalpie einer Zusammensetzung ist, desto wahrscheinlicher ist ihr Entstehen unter sonst gleichartigen Bedingungen. Da im Fall des Schnellarbeitsstahls S 6-5-2 der Chromanteil nicht vollständig als Chromcarbid abgebunden sein dürfte, ist außerdem anzunehmen, daß ein beträchtlicher Anteil der entstehenden Nitride als Cr_2N oder CrN vorliegt. Tabelle 2 gibt eine Übersicht über die Bildungsenthalpien verschiedener Nitride, die in üblichen Werkzeugstählen auftreten können.

Tabelle 2: Bildungsenthalpien ΔH_f verschiedener Metallnitride bei 298 K. Nach [143, 144]

Nitrid	ΔH_f [kJ mol^{-1}]
Fe_2N	−4
Fe_4N	−11
Mo_2N	−70
Cr_2N	−114
CrN	−123
VN	−217
AlN	−319
TiN	−337

4.2.1.3 Härtezunahme der Randzone

Auch beim gewöhnlichen Nitrieren von höherlegierten Werkzeugstählen ist es bekannt, daß u. a. die Legierungselemente Chrom, Molybdän und Vanadium an Ausscheidungen beteiligt sind [145]. Die Dauer der Behandlung und besonders die Temperaturführung hat einen wesentlichen Einfluß auf Bildung dieser Nitride und somit auf die erzielbare Steigerung der Verschleißfestigkeit der Oberfläche. Röntgenographische Untersuchungen erbrachten den Nachweis der Existenz des Chromnitrids CrN in hochlegierten Stählen, u. a. auch in X 40 CrMoV 5 1 [146]. Ähnlich tragen auch Molybdännitrid- und Vanadiumnitridausscheidungen (Mo_2N bzw. VN) zur Aushärtung der Randzone bei [147]. Diese Gleichgewichtsphasen der Sondernitride werden analog zur Ausscheidungskinetik von Eisennitriden über mehrstufige Ordnungsvorgänge gebildet [148].

Durch die Implantation wird eine relativ große Zahl von Teilchen in eine sehr dünne Randzone zusätzlich eingebracht. Dies führt zwangsläufig zu einer Volumenzunahme in atomaren Größenordnungen und damit zur Veränderung der Eigenspannungsverhältnisse. Anlaßbehandlungen führen die Bildung verschiedener Nitridphasen herbei, die ihrerseits die Volumenänderung beeinflussen. Bild 10 zeigt die relative Volumenänderung in Eisen und Stählen in Abhängigkeit vom Stickstoffgehalt für gelösten Stickstoff, Eisennitride und Nitriden verschiedener Nitridbildner [149]; als Datengrundlage dienten Angaben in [150].

Nach [149] sind im Vergleich zu nitriertem Eisen die Volumeneffekte in Eisenlegierungen mit nitridbildenden Elementen im allgemeinen viel größer. Dies trifft auch auf die in dieser Untersuchung verwendeten Werkzeugstähle zu. Zum Verhältnis des Auftretens von CrN zu Cr_2N muß erwähnt werden, daß normalerweise CrN stabiler als Cr_2N ist [151], siehe auch Tabelle 2. Die hohen Druckspannungen in der implantierten Randzone begünstigen jedoch möglicherweise eine Cr_2N-Ausscheidung anstelle einer CrN-Ausscheidung, weil die von einer Cr_2N-Ausscheidung eine bedingte Volumenzunahme erheblich geringer ist, als die von einer CrN-Ausscheidung bewirkte [152], vgl. Bild 10 b).

Die hier gezeigte Veränderung des Volumens der Randzone mit entsprechendem Entstehen hoher Druckeigenspannungen und die Strukturveränderung der Randzone in Form von Phasenbildung verschiedener Nitride bzw. implantationsbedingter Beeinflussung bestehender Phasen bewirkt eine Steigerung der Härte der Randzonen. Nach *Habig* kann von einer Erhöhung der Härte zwar nicht unbedingt auf eine Verbesserung der Verschleißfestigkeit geschlossen werden [153]. Im Fall der Ionenimplantation von Werkzeugstählen – speziell im Fall der Implantation mit Stickstoffionen – ist dies jedoch zutreffend, zumal es sich hier um einen Synergieeffekt der eben genannten Maßnahmen und um dynamische Vorgänge während des Verschleißvorganges handelt, vgl. Abschnitt 4.2.1.5 und 4.2.1.6.

4.2.1.4 Strukturveränderungen nach Ionenstrahlbehandlungen

Durch den Implantationsvorgang wird die Randzone des Werkzeugs einer starken Strahlenbeschädigung ausgesetzt; in diesem Bereich liegt das implantierte Element in einer signifikanten Konzentration vor, vgl. Abschnitt 4.1.1.1. Das Gefüge und die Ausscheidungen, die die Eigenschaften des Werkzeugs ursprünglich bestimmt hatten, sind in der Randzone weitgehend verändert bzw. zerstört.

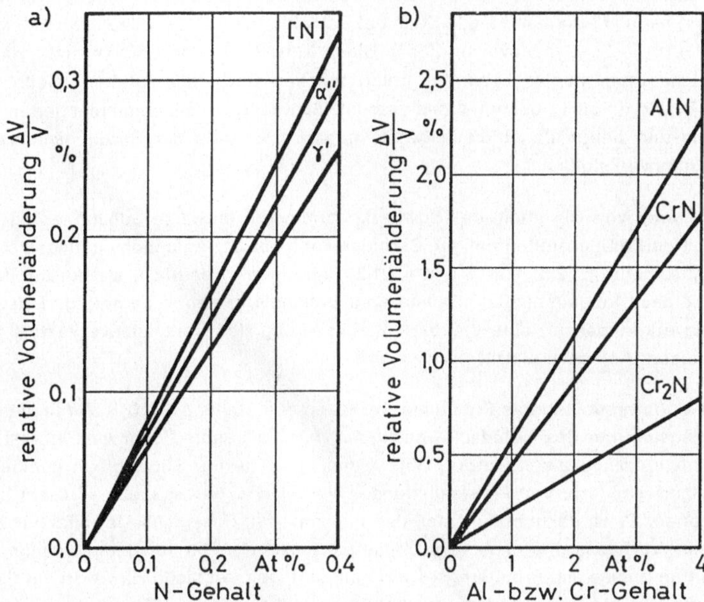

Bild 10: Einfluß von Stickstoff auf die Volumenänderung in Eisen und Stahl. Nach [149].

a) Die von interstitiell gelöstem Stickstoff in Eisen verursachten Volumenänderungen im Vergleich zu reinem Eisen, in Abhängigkeit vom Stickstoffgehalt der Grundmasse (Linie [N]), und die relativen Volumenänderungen, wenn die ganze Menge des Stickstoffs als α''- oder γ'-Nitrid ausgeschieden ist (Linien α' und γ').

b) Die von AlN-, CrN- und Cr_2N-Ausscheidungen verursachten relativen Volumenänderungen im Vergleich zum substitionellen Mischkristall von Fremdatomen in Eisen in Abhängigkeit vom Fremdatomgehalt (Linien AlN, CrN und Cr_2N).

Der Stickstoff liegt zunächst zu einem größeren Anteil interstitiell gelöst vor. Ausheilung und Phasenbildung in klassischem Sinn kann bei niedrigen Implantationstemperaturen nicht stattfinden, weil die Ionenimplantation zwar kurzzeitig zu einer lokalen Überhitzung führen kann, aber für platzwechselgesteuerte Vorgänge über die erforderlichen Entfernungen hinweg die mittlere Temperatur des Werkzeugs nicht genügend hoch ist.

Wenn der implantierte Stickstoff in einer Konzentration vorliegt, die wegen des stöchiometrischen Verhältnisses von Nitridbildner und Stickstoff eine Phasenbildung zuläßt, können jedoch Nitride gebildet werden. So ist z. B. bei 20 bis 25 % N die Bildung von Fe_3N und bei über 30 % N die Bildung von Fe_2N möglich. Diese können dann jedoch nur äußerst fein verteilt ohne Beteiligung von weiterreichender Diffusion auftreten, weil nur ein Bereich von wenigen nm Durchmesser für die Ausscheidung zur Verfügung steht, vgl. Abschnitt 4.1.2.1.

Leutenecker et al. konnten mit Hife von Konversionselektronen-Mößbauerspektroskopie (CEMS) nach N^+-Implantation in Stahl bei Raumtemperatur die Bildung von Mischnitriden der Form $(Fe,Cr)_2N$ nachweisen [154]. Diese Nitridformen und die veränderten Carbonitride, die beim Implantieren der ursprünglichen Carbide entstehen (siehe Abschnitt 4.1.2.4), wirken sich positiv auf das Verschleißverhalten der ionenimplantierten Werkzeuge aus und heben damit die teilweise negative Wirkung der Strahlenschädigung des Ausgangswerkstoffs auf.

Die Bildung von Chromnitriden sowie die zumindest teilweise Substituierung von Kohlenstoff durch Stickstoff in einigen Carbiden kann nur bei Anlaßbehandlungen stattfinden, vgl. Abschnitte 4.1.2.5, 4.1.2.6 und 4.2.1.2. Hieraus wird deutlich, warum bei Werkzeugstählen nach Ionenimplantation ohne Anlaßbehandlung zwar eine geringe Leistungssteigerung erkennbar ist, eine spürbare Verbesserung des Verschleißverhaltens aber erst nach einem Anlassen eintritt.

Hu et al. untersuchten das Ermüdungsverhalten des Stahls AISI 1018 und fanden, daß die Lebensdauer um das Zehnfache gesteigert werden konnte, wenn das Werkstück nach Implantation angelassen wurde [155]. Demnach mußte der Stickstoff zu geeigneten Gitterplätzen wandern, um die stattfindenden Versetzungsbewegungen wirksam behindern zu können. Es ist der mobile Anteil des implantierten Stickstoffs, der offenbar zur nachhaltigen Verbesserung der Verschleißeigenschaften nach Ionenimplantation beiträgt; diese Ergebnisse aus Ermüdungsexperimenten geben deutliche Hinweise auf die Signifikanz von Wechselbeanspruchungen bei Verschleißvorgängen [65].

4.2.1.5 Strukturveränderungen während tribologischer Beanspruchung

Nach *Haasen* werden Zwischengitteratome des Kohlenstoffs — und damit höchstwahrscheinlich auch des Stickstoffs — im Versetzungsnetzwerk eingefangen und Carbid- bzw. Nitridkonfigurationen einnehmen [156]. Die Löslichkeit dieser Carbide oder Nitride hängt demnach von der Natur der Versetzungsringe ab. Deshalb ist es notwendig, daß der Stickstoff nach der Implantation erst zu bestimmten Gitterplätzen wandern muß, ehe eine deutliche Verschleißminderung beobachtet werden kann [155]. Durch den Verschleißvorgang werden neue Versetzungen initiiert und wirken als zeitweilig bestehende Senken für dabei gerade freigesetzte und mobile Stickstoffzwischengitteratome. Die derart dekorierten Versetzungen können sich nun nicht länger bequem fortbewegen. Daher ist der Werkstoff effektiv gehärtet und verschleißbeständig gemacht, bis lokale Erhitzung erneut eine Wanderung von Zwischengitteratomen ermöglicht.

Untersuchungen von *Rauschenbach* et al. ergaben, daß die Verschleißminderung vorwiegend durch Wechselwirkung der implantationsbedingten Ausscheidungen mit Versetzungen des Grundwerkstoffes hervorgerufen wird [96].

Hirvonen et al. fanden ebenfalls, daß die Erhöhung der Verschleißbeständigkeit des Grundwerkstoffes nach Ionenimplantation im wesentlichen durch die Diffusion der implantierten Elemente während des Verschleißvorgangs zu Versetzungen hin erzielt wird.

Viele dieser Versetzungen werden dabei erst während der tribologischen Beanspruchung gebildet. Die Diffusion wiederum wird erst bei hinreichend hohen Temperaturen, wie sie Verschleißvorgängen auftreten können, eine signifikante Rolle spielen [157]. Nach *Dearnaley* kommt die Erhöhung der Verschleißbeständigkeit nach Stickstoffimplantation in Stahl dann stärker zum Tragen, wenn Legierungselemente im Stahl vorhanden sind, die eine hohe Affinität zu Stickstoff aufweisen [158].

4.2.1.6 Diffusion in die Tiefe der Werkzeugrandzone

Korycki et al. zeigten, daß auch bei einem Verschleißbetrag, der mehr als eine Größenordnung über der ursprünglichen Implantationstiefe liegt, der Anteil des verbliebenen Stickstoffs noch beträchtlich ist; es muß also eine Diffusion der implantierten Elemente ins Innere des Grundwerkstoffs stattgefunden haben. Das Stickstofftiefenprofil nach erfolgter tribologischer Beanspruchung entspricht etwa dem des Ausgangsprofils; im Fall einer Implantation ohne Anlaßglühung ist auch nach erfolgtem Verschleiß die Implantationszone so schmal, daß die Verteilung in der Form der Ergebnisse von implantiertem und nicht verschlissenem Tiefenprofil entspricht und nur schwierig zu detektieren ist [159].

Neben der Möglichkeit der Einlagerung von implantierten Ionen in Versetzungsnetzwerke, die sich durch die tribologische Beanspruchung der Oberfläche bilden, können die implantierten Ionen auf Grund der bei Verschleißvorgängen vorherrschenden Temperaturen auch besonders leicht durch die Kerne der Versetzungswälder in Form von „Pipeline-Diffusion" ins Innere des Grundwerkstoffs diffundieren [133].

Untersuchungen von *Feller* et al. führten zu ähnlichen Ergebnissen [160]. Unter Berücksichtigung der bei Verschleißvorgängen örtlich auftretenden „Blitztemperaturen", die innerhalb kurzer Zeiträume von Millisekunden oder nur Mikrosekunden auftreten, auf über 1 000 °C ansteigen können [161] und dabei in einer allgemeinen mittleren Temperaturerhöhung resultieren, sind Diffusionsgeschwindigkeiten von mehreren μm pro Stunde denkbar.

4.2.2 Verbesserung tribologischer Eigenschaften von Werkzeugen durch Ionenstrahltechniken

Über den Einfluß von Nitrierschichten auf das tribologische Verhalten von Gleitpaarungen gibt es eine Fülle von Untersuchungen, siehe z. B. [162, 163, 164]. Ein direkter Vergleich mit stickstoffimplantierten Randzonen in Stählen ist nicht möglich. So lassen sich beispielsweise auf mikroskopischem Wege keine Zusammensetzungen von implantierten Oberflächen ermitteln. Jedoch sind zum Beispiel mit Hilfe von Beugungsuntersuchungen verschiedene Fe-N-Verbindungen nachgewiesen worden. Daher muß davon ausgegangen werden, daß z. B. bei stickstoffimplantierten Oberflächen die verschleißmindernden Mechanismen vielfach gleichen Ursprungs sind wie bei nitrierten Oberflächen. Als wichtige verschleißmindernde Einflußfaktoren müssen u. a. folgende Eigenschaften eingestuft werden:

- Vorhandensein von Gitterstrukturen mit einer geringen Anzahl von Gleitsystemen,

- Minimierung der Adhäsionsneigung durch geringe plastische Verformbarkeit der Mikrokontaktbereiche und

- Einschränkung der Bildung von adhäsiven Bindungen, die durch metallische, kovalente oder *van der Waals*sche Bindungen bewirkt werden können. Da in vielen Fällen der Fe-N-Phasen die Eisenatome zumindest partiell kovalent gebunden vorliegen, ist die Dichte von freien Elektronen, die zur Adhäsionsneigung beitragen können, sehr gering.

Es ist symptomatisch für die Anwendung von ionenstrahlbehandelten Werkzeugen und Bauteilen, daß die theoretischen Grundlagen bisher nur unzureichend erfaßt sind. Vielfach kann man sich nur mit Analogieschlüssen aus verwandten Forschungsbereichen behelfen. Oft kann erst der Praxistest zeigen, ob eine Anwendung erfolgreich ist.

Zur Leistungssteigerung technisch wichtiger metallischer Werkstoffe durch Ionenimplantation wurden bisher die in Tabelle 3 aufgeführten Maßnahmen erfolgreich durchgeführt [131, 165].

Tabelle 3: Verbesserung der Leistungsmerkmale technisch wichtiger metallischer Werkstoffe durch Ionenimplantation.

Eigenschaftsverbesserungen	Implantat	Grundwerkstoff
Streckgrenzenerhöhung durch verschiedene Härtungsmechanismen	N, C, B	Stahl
	Ti + C	Stahl
	N	Hartchrom
	N	Titan
Erzeugung von Mikrostrukturen gegen exzessive Kaltverfestigung	N	austenitische Stähle
	N	Kobalt
Erhöhung der Kohäsion heterogener Werkstoffe durch Verzahnung innerer Grenzflächen	N, C	Hartmetalle
	N	carbidreiche Stähle
Verringerung der Reibung durch:		
• Amorphisierung	Ti, Ta	Stahl
• Bildung schmierend wirkender Oxidschichten	N	Ti-6Al-4V

4.3 Oberflächenanalytik von dünnen Schichten

Die Eigenschaften dünner Oberflächenschichten weichen in der Regel gravierend von denen des Grundwerkstoffs ab. Zur hinreichend objektiven Beurteilung der Schichteigenschaften ist somit die möglichst detaillierte Kenntnis der Dicke, Zusammensetzung und Struktur der Schicht einerseits und ihrer physikalischen sowie mechanischen-technologischen Eigenschaften wie Mikrohärte, Haftfestigkeit oder Eigenspannungen andererseits von Bedeutung. Wegen der extrem geringen Tiefe von ionenstrahlbehandelten Randzonen werden hier besonders hohe Anforderungen an die Meßverfahren gestellt.

Die Anwendung gängiger Methoden zur Ermittlung von physikalischen und mechanisch-technologischen Eigenschaften und ihre Grenzen hinsichtlich der Bewertung sehr dünner Schichten wird in [94] beschrieben. Speziell zur Härtemessung ionenimplantierter Randzonen beispielsweise scheiden übliche Mikrohärtemessungen von vornherein aus, da unter hierbei gebräuchlichen Lasten der Prüfkörper viel zu tief in die Oberfläche eindringt und somit vorwiegend die Härte des Grundwerkstoffs gemessen wird. Daher muß die Härte mit einem Ultramikrohärte-Tester mit möglichst geringer Prüflast gemessen werden, der Eindringtiefen im Submikrometerbereich mit reproduzierbaren Meßergebnissen zuläßt [166].

Zur Bestimmung der chemischen Zusammensetzung von Oberflächenrandzonen, ihrer Dicke und Struktur gibt es eine Fülle von analytischen Verfahren. Es würde den hier vorgegebenen Rahmen sprengen, auf alle Verfahren auch nur ansatzweise einzugehen. Übersichtliche Darstellungen bieten z. B. [167] und [168]; in [94] werden die wesentlichen Verfahren und ihre Anwendungen beschrieben; eine sehr gründliche Erläuterung der Analysetechniken wird in [169] vorgenommen.

Speziell zur Analyse ionenstrahlbehandelter Randzonen von Werkstücken eignen sich verschiedene elektronenspektroskopische Verfahren wie Photoelektronenspektroskopie (ESCA) oder Auger-Elektronenspektroskopie (AES), massenspektrometrische Verfahren wie Sekundärionenmassenspektrometrie (SIMS) oder Sekundärneutralteilchenmassenspektrometrie (SNMS), sowie streuspektroskopische Verfahren wie Ionenstreuspektroskopie (ISS) oder Rutherford-Rückstreuspektroskopie (RBS) und kernphysikalische Verfahren wie Konversionselektronen-Mößbauerspektroskopie (CEMS). CEMS-Untersuchungen ermöglichen die Beobachtung von Phasenumwandlungen im oberflächennahen Bereich [170]. Diese Verfahren werden hier nicht näher erörtert. Zur Aufnahme von Tiefenprofilen wurde an einigen der untersuchten Werkzeugen das nachfolgend beschriebene kernphysikalische Verfahren NRA angewandt.

4.3.1 Kernreaktionsanalyse (NRA)

Bei der Kernreaktionsanalyse (NRA – **N**uclear **R**eaction **A**nalysis) [171], mit der auch die Werkzeuge der vorliegenden Untersuchung analysiert wurden, läuft der Vorgang ähnlich wie bei der RBS, jedoch inelastisch ab. Die zu analysierende Oberfläche wird einem Beschuß leichter geladener Teilchen, wie z. B. Deuteronen, Tritonen oder ^{3}He-Teilchen, ausgesetzt. In der Randzone des zu untersuchenden Werkstücks wechselwirken die Projektile mit Atomkernen der zu analysierenden Schicht. Im Gegensatz zur RBS werden also nicht die eingestrahlten Primärteilchen, sondern die bei der Kernreaktion gebildeten charakteristischen emittierten Reaktionsprodukte, wie Protonen, Deuteronen, α-Teilchen oder γ-Quanten, detektiert.

Die zur Anregung verwendeten Teilchen werden mit Energien von etwa 0,1 bis zu 5 MeV eingeschossen. Die Intensität der emittierten Teilchen ist ein Maß für die Menge der vorhandenen Atome. Zur Beschreibung von Kernreaktionen wird die Symbolik A(x,y)B verwendet. Dies sagt aus, daß Kern A von einem Projektil x getroffen wird und dabei in den Kern B umgewandelt wird, wobei ein energiereiches Teilchen y emittiert wird. Ein Beispiel ist der Nachweis von Stickstoff durch Bestrahlung mit Deuteronen, wie er auch in der vorliegenden Arbeit verwendet wurde. Bei der Kernreaktion ^{14}N(d,α)^{12}C mit Deuteronenenergien von E_d = 1,5 MeV werden α-Teilchen mit Energien von E_α = 6,7 MeV bzw. E_α = 9,9 MeV emittiert.

Ein besonderes Kennzeichen dieses Verfahrens ist die Möglichkeit, zerstörungsfrei Elementtiefenprofile aufzunehmen. Die α-Teilchen, die von der Oberfläche stammen, bringen ihre volle Energie zum Detektor. Die aus dem Inneren des Substrats stammenden α-Teilchen werden bis zum Austritt aus der Oberfläche abgebremst, wobei der Energieverlust ungefähr proportional zur Emissionstiefe ist. Daher läßt sich der Energieverlust linear in eine Tiefe umrechnen.

Durch die hohen Energien der eingestrahlten Projektile und der erzeugten Sekundärteilchen können relativ große Strecken im Festkörper zurückgelegt werden, so daß sich der analysierbare Bereich bis auf mehrere Mikrometer erstrecken kann. Die Nachweisempfindlichkeit ist zwar auf Grund geringer Wirkungsquerschnitte nur für einige Reaktionen ausreichend; in diesen Fällen kann sie jedoch in der Größenordnung von $\leq$ 1 ppm liegen.

Im Gegensatz zur RBS ist die NRA besser dazu geeignet, leichte Kerne in einer Matrix mit Kernen mittlerer bis großer Ordnungszahl zu detektieren. Kerne mit größerer Ordnungszahl nehmen nämlich an den Reaktionen praktisch nicht teil, da die Projektile zur Überwindung des Coulombwalls der schwereren Kerne eine wesentlich höhere Energie haben müßten. Anders als bei der RBS ist der Matrixeinfluß also vernachlässigbar gering. Die Messungen können fast untergrundfrei durchgeführt werden, weil die zu detektierenden Sekundärteilchen eine deutlich größere Energie aufweisen als die Primärteilchen. Durch Energiediskriminierung, z. B. mittels Absorberfolien, ist eine Trennung der Signale daher auf einfache Weise durchführbar.

5 Auslegung der experimentellen Untersuchungen
5.1 Umformverfahren
5.1.1 Stauchen zwischen ebenen Bahnen

Bild 11 zeigt den Stadienplan und die Geometrie der Stauchbahnen. Die gescherten Rohteile mit einer Masse von $(14,3 \pm 0,1)$ g, einem Durchmesser von 14 mm und einer Höhe
von 12 mm wurden phosphatiert, beseift und mit einem Umformgrad von $\varphi = 1,1$ verpreßt.
Nach [15] kann bei den vorliegenden Geometrien und Werkstoffen Rißbildung am Werkstück gerade noch vermieden werden.

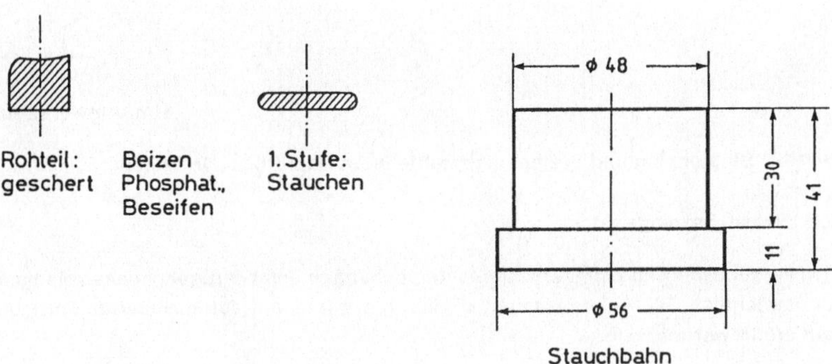

Bild 11: Stadienplan und Werkzeuggeometrie beim Stauchen zwischen ebenen Bahnen.

5.1.2 Napf-Rückwärts-Fließpressen

Unter den Massivumformverfahren treten beim Napf-Rückwärts-Fließpressen die größten
tribologischen Belastungen auf. Nach *Gräbener* liegen gegenüber dem Stauchen die Ma-
ximalwerte der Flächenpressung etwa um das anderthalbfache und die der Relativge-
schwindigkeit bzw. der Oberflächenvergrößerung etwa um das zweieinhalbfache höher
[172]. Daher werden hier besonders hohe Anforderungen an die Werkzeuge und den
Schmierstoff gestellt. Bild 12 gibt die Bearbeitungsfolge der Werkstücke und die Geometrie der Fließpreßstempel an.

Es wurden die gleichen Rohteile wie beim Stauchen zwischen ebenen Bahnen verwendet.
Zum Napf-Rückwärts-Fließpressen mit einer relativen Querschnittänderung $\varepsilon_A = 0,71$
wurden die vorbehandelten Rohteile zunächst gesetzt, um eine gute Zentrierung des
Stempels für das anschließende Napf-Rückwärts-Fließpressen zu erreichen. Nach dem
Setzvorgang wurden die Rohteile erneut gebeizt, phosphatiert und geschmiert, da man
sonst die Grenze der Schmierwirkung von Seifen erreicht.

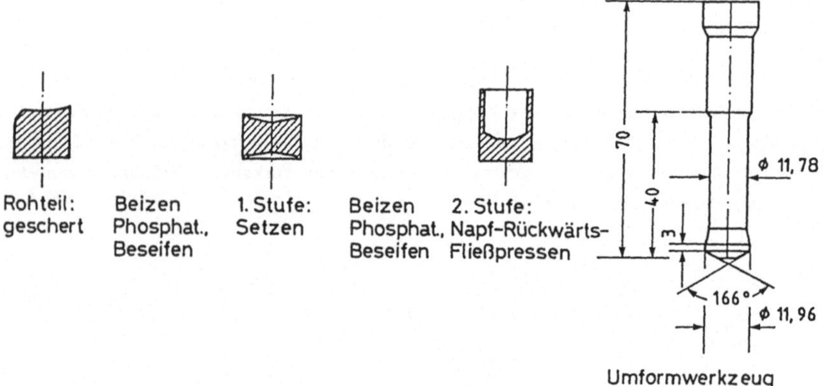

Bild 12: Stadienplan und Stempelgeometrie beim Napf-Rückwärts-Fließpressen.

5.2 Versuchsanlage

Der Versuchsaufwand für Verschleißuntersuchungen unter fertigungsnahen Bedingungen ist beträchtlich. Die Anforderungen können nur mit einem automatisierten Fertigungsablauf erfüllt werden.

Es stand eine Versuchsanlage zur Verfügung, die es erlaubt, Verschleißversuche unter fertigungsähnlichen Bedingungen durchzuführen [15, 49]. Als Umformmaschine diente eine C-Gestell-Kniehebelpresse (Fabrikat MAYPRES, Typ MKN 1-63/6) mit 630 kN Nennkraft und einem Gesamthub von $H = 60$ mm. Das Zuführen der Teile über Schwingförderer, Weiche und Rutsche, sowie das Einlegen über eine pneumatisch betätigte Zange und das Ausblasen erfolgte automatisch synchron mit dem Maschinenhub. Beim Stauchen wurde die Maschine mit einer Hubzahl von $n_K = 45$ min^{-1}, beim Napf-Rückwärts-Fließpressen mit $n_K = 40$ min^{-1} betrieben. Ein Sensorsystem ermöglichte bei falsch eingelegten Rohteilen die Unterbrechung der Fertigung, um Werkzeugbruch zu vermeiden.

5.3 Versuchswerkzeuge

Die Werkzeuge waren in einem Säulen-Führungsgestell eingebaut, wie es z. B. in VDI-Richtlinie 3138, Bl. 2, empfohlen wird [173].

Beim Stauchen zwischen ebenen Bahnen wurden die ionenstrahlbehandelten Werkzeuge als untere Stauchbahn und die nichtbehandelten Werkzeuge als obere Stauchbahn eingesetzt. Frühere Untersuchungen hatten ergeben, daß beim Kaltmassivumformen bei oberer und unterer Stauchbahn die gleichen Beanspruchungen vorliegen [15, 16, 17]. Dies ermöglichte es, im selben Versuch ein unbehandeltes und ein ionenstrahlbehandeltes Werkzeug direkt zu vergleichen. Dadurch konnten mögliche Verfälschungen der Ergebnisse durch Unterschiede der Schmierung der Werkstücke oder der Umgebungsbedingungen wie relativer Luftfeuchte oder Temperatur ausgeschlossen werden. Die Stauchbahnen wurden jeweils entweder geschliffen oder geläppt eingesetzt.

Die Fließpreßstempel wurden gemäß VDI-Richtlinie 3186, Bl. 2 [174], mit einem Fließbunddurchmesser $d = 11{,}98$ mm, einer Fließbundhöhe $h = 3$ mm und einer Länge $\ell = 70$ mm ausgelegt, vgl. Bild 12.

5.3.1 Werkzeugwerkstoffe

Die Werkzeugwerkstoffe für die verwendeten Werkzeugaktivteile wurden gemäß VDI-Richtlinie 3186, Bl.1 [175], ausgewählt.

Beim Stauchen zwischen ebenen Bahnen wurden der ledeburitische Kaltarbeitsstahl X 155 CrVMo 12 1 (Werkstoff-Nr. 1.2379), der Schnellarbeitsstahl S 6-5-2 (1.3343) und der Warmarbeitsstahl X 40 CrMoV 5 1 (1.2344) verwendet. In der Regel war der Kaltarbeitsstahl auf (62 ± 1) HRC, der Schnellarbeitsstahl auf (63 ± 1) HRC und der Warmarbeitsstahl auf (56 ± 1) HRC gehärtet. In einigen Fällen wurden Stauchwerkzeuge mit geringerer Härte eingesetzt, um den Einfluß der Ionenimplantation bei zäherem Werkstoffzustand zu erfassen.

Als Werkstoff für die Stempel beim Napf-Rückwärts-Fließpressen wurde der Schnellarbeitsstahl mit einer Härte von etwa (63 ± 1) HRC eingesetzt. Bei der verwendeten Stempelgeometrie, die hinsichtlich einer hohen Verschleißrate gewählt wurde, war es nicht möglich, Stempel aus dem Kaltarbeitsstahl 1.2379 zu verwenden, wie es in bezug auf eine möglichst optimale Anwendung der Ionenimplantation mit Stickstoff wünschenswert gewesen wäre. Literaturangaben zufolge ist es nämlich zur Erzielung einer großen Verschleißminderung besonders interessant, Stähle mit hohem Chromgehalt mit Stickstoff zu implantieren [118, 136]. Wie auch in früheren Untersuchungen führte der Einsatz von Stempeln aus Kaltarbeitsstahl in der Regel jedoch schnell zu Brüchen oder Ausknicken der Werkzeuge. Trotz der Ausnutzung der relativ hohen Härte von etwa (61 ± 1) HRC auf Grund der Sonderwärmebehandlung des Kaltarbeitsstahls (Härtung im Sekundärhärtemaximum: Austenitisierung bei 1 080 °C, 40 min; Abschrecken bei 30 °C; dreimaliges Anlassen bei 495 °C, Luftabkühlung; Restaustenitgehalt < 5 Vol.-%) reichte wegen der sehr schlanken Ausführung des Fließpreßstempels die Härte nicht aus.

5.3.2 Ionenstrahlbehandlung der Werkzeugoberflächen

Die untersuchten Umformwerkzeuge wurden mit Bestrahlungsdosen von $5 \cdot 10^{16}$ bis $6 \cdot 10^{17}$ Ionen cm^{-2} mit Energien von 25 keV bis 180 keV implantiert. Von Ausnahmen abgesehen überstieg der Strahlstrom nicht 30 μA. Die Temperaturführung war auch bei ungekühlten Targets so ausgelegt, daß 220 °C nicht überschritten wurden. Die durchschnittliche Implantationsdauer betrug zwischen 1 und 3 Stunden.

Die Bestrahlungen wurden durch das Physikalisch-Chemische Institut – Radiochemie – der Universität Heidelberg vorgenommen. Dazu wurde der im Institut verfügbare 60 keV-Ionenbeschleuniger sowie zum großen Teil der 300 keV-Testbeschleuniger der GSI – Gesellschaft für Schwerionenforschung, Darmstadt, verwendet. Letzterer liefert nicht nur höhere Energien und damit größere Eindringtiefen der Ionen, sondern erlaubt auch auf Grund seiner Sputterquelle die Beschleunigung von schwer verdampfbaren Metallen, wie Ti, Ta, usw.

Besonderes Augenmerk mußte wegen der im allgemeinen nicht ebenen Geometrie der verwendeten Werkzeuge der Gleichmäßigkeit der Bestrahlung und der Temperaturkontrolle gewidmet werden. Erstere wurde durch den Eigenbau eines Strahlablenkungsgerätes für den GSI-Beschleuniger durch das Physikalisch-Chemische Institut der Universität Heidelberg erhöht. Damit konnte der Strahl periodisch auch über größere Flächen gelenkt werden. Zur Bestrahlung von rotationssymmetrischen Proben unter kontrollierter Temperaturführung wurde eine kühlbare Probenhalterung mit Möglichkeiten für Vertikalbewegung und Rotation konstruiert und gebaut. Ausführliche Angaben zu den Implantationsbedingungen befinden sich in der Dissertation von *Ballhause* [176].

Zwei der untersuchten Stauchbahnen wurden durch Ionenstrahlmischen oberflächenbehandelt. Dazu wurde eine 100 nm dicke Borschicht mit Hilfe von Elektronenstrahlen aufgedampft und anschließend diese Schicht mittels $6 \cdot 10^{17}\,N^+cm^{-2}$ (150 keV) bzw. $5 \cdot 10^{16}\,Ar^{2+}cm^{-2}$ (360 keV) mit der Werkzeugoberfläche verzahnt.

An einigen Werkzeugen wurden mit Hilfe der bereits beschriebenen Kernreaktionsanalyse (NRA) Stickstofftiefenprofile zur Überprüfung der Konzentrationsverteilung der implantierten Ionen in der Randzone durchgeführt. Die Messungen wurden am Fraunhofer-Institut für Festkörpertechnologie in München durchgeführt. Bild 13 zeigt die nach dieser Methode gemessene Stickstoffkonzentration eines gewöhnlich stickstoffionenimplantierten Fließpreßstempels als Funktion der Tiefe.

Wie auch in den zwei folgenden Bildern stellt das Bild die Zählrate von α-Teilchen über ihrer Energie aufgetragen dar. Diese werden bei der Kernreaktion $^{14}N(d,\alpha)^{12}C$ durch Beschuß der Werkzeugoberfläche mit Deuteronen ($E_d = 1,5\,MeV$) gebildet und mit einer Energie von etwa 6,7 MeV emittiert. Die α-Teilchen, die direkt von der Oberfläche stammen, werden mit ihrer maximalen Energie im Detektor aufgefangen. Diejenigen Teilchen, die aus den Inneren des Substrats stammen, werden durch Stöße mit dem Kristall abgebremst, bevor sie detektiert werden. Der Energieverlust ist dabei ungefähr proportional zur Emissionstiefe. Deshalb kann dieser Energieverlust linear in eine Tiefe umgerechnet werden, in der die Kernreaktion stattgefunden hat. Daher ist die Abszissenteilung direkt in μm vorgenommen worden. Ein Kanal des verwendeten Vielkanalanalysators entsprach bei der vorliegenden Meßkonfiguration (Meßwinkel 135°) etwa 22,5 nm. Die Ordinate wurde so normiert, daß die Zählrate der einzelnen Kanäle als Stickstoffkonzentration in Atom-% gelesen werden kann. Dabei bedeutet Atom-% hier nicht wie üblich

$$\frac{[N]}{[N]+[Fe]} \cdot 100, \quad \text{sondern} \quad \frac{[N]}{[Fe]} \cdot 100.$$

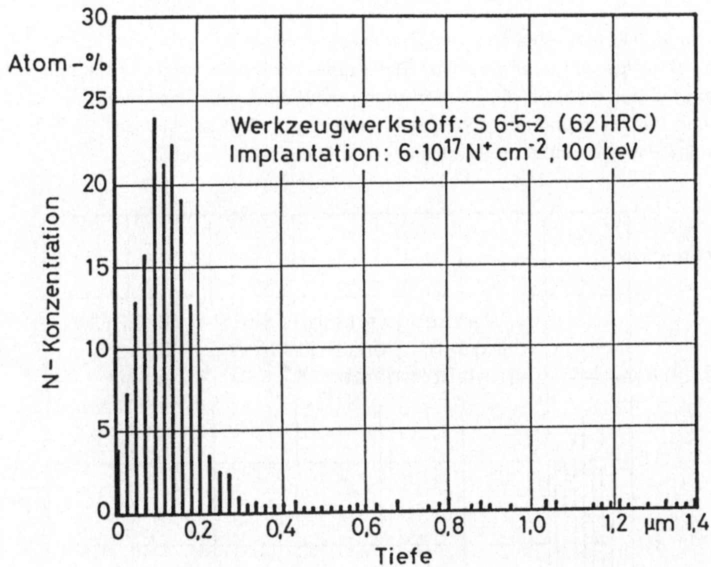

Bild 13: Stickstofftiefenprofil der Randzone eines stickstoffimplantierten Fließpreßstempels.

Die Nachweistiefe der durchgeführten Analyse beträgt etwa 3 µm. In allen untersuchten Proben konnte auch bis in diese Tiefe Stickstoff nachgewiesen werden. Die vor der Implantation im Schnellarbeitsstahl vorhandene Konzentration betrug etwa 3‰ N. Dies entspricht dem sich allgemein einstellenden Stickstoffgehalt von Schnellarbeitsstählen bei der üblichen Erschmelzung in Elektroöfen ohne Luftabschluß [177].

Das N-Tiefenprofil entspricht der zu erwartenden Verteilung nach einer 100 keV-Implantation. Vergleichsmessungen mit einem Meßwinkel von 103,5°, die eine bessere Tiefenauflösung ergeben, bestätigen das Profil von Bild 13. Demnach liegt das Maximum bei etwa 0,11 µm Tiefe. An die gaußförmige Verteilung zwischen Oberfläche und etwa 0,25 µm Tiefe schließt sich eine kaum wahrnehmbare Zone zwischen etwa 0,25 und 0,35 µm von offensichtlich eindiffundiertem Stickstoff an.

Der Vergleich mit tabellierten Werten [61] für die projizierte mittlere Reichweite R_p, das ist der Abstand des Maximums der Normalverteilung von der Substratoberfläche, und für die projizierte Standardabweichung ΔR_p zeigt nach Umrechnung auf die vorliegenden Atomgewichte und Ionenenergien sehr gute Übereinstimmung mit den gemessenen Werten. Für die Implantation von Stickstoff in Stahl bei 100 keV wurde ein Wert von $R_p = 0,112$ µm und von $\Delta R_p = 0,042$ µm ermittelt.

5.3.2.1 Einfluß einer Wärmebehandlung

Da, wie erwähnt, theoretische Erwägungen und Versuchsergebnisse in der Literatur deutliche Hinweise auf einen positiven Effekt einer auf die Implantation folgenden Anlaßbehandlung gaben, wurden einige Werkzeuge nach dem Ionenimplantieren einer Anlaßbehandlung für die implantierte Randzone unterzogen. Bild 14 zeigt das Stickstofftiefenprofil einer derart behandelten Randzone eines Fließpreßstempels.

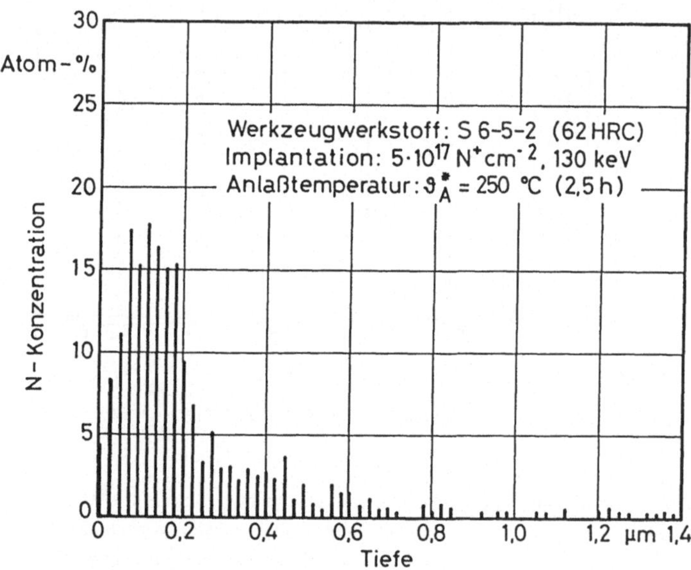

Bild 14: Stickstofftiefenprofil der Randzone eines stickstoffimplantierten und angelassenen Fließpreßstempels.

Im Gegensatz zu dem Ergebnis aus Bild 13 hat sich eine deutliche Diffusionszone ins Innere des Werkzeugs gebildet, die sich von etwa 0,25 µm bis zu 0,7 µm Tiefe erstreckt und im Mittel etwa eine Konzentration von 3 Atom-% ausmacht. Durch diffusionsbedingte Umverteilung von Stickstoff verbreitert sich die Verteilung der implantierten Ionen und führt zu einer Plateaubildung im Bereich von etwa 0,06 bis zu 0,2 µm Tiefe. Der Vergleich mit den Daten aus [61] zeigt auch hier bei etwas erhöhter Ionenenergie gute Übereinstimmung. Für Stickstoffionen mit 130 keV Energie ergab sich nach Umrechnung eine projizierte mittlere Reichweite von $R_p = 0{,}146$ µm mit einer projizierten Standardabweichung von $\Delta R_p = 0{,}049$ µm.

Da thermisch angeregte Vorgänge empfindlich auf geringe Temperaturänderungen reagieren können, wurde auch der Einfluß der Anlaßtemperatur auf das Versuchsergebnis untersucht. Wie zu vermuten, wurden deutliche Unterschiede in der Ausbildung der Tiefenprofile gefunden. In Bild 15 ist die Stickstoffkonzentration eines mit Stickstoff- und Silberionen implantierten und zweimal bei verschiedenen Temperaturen angelassenen Stempels als Funktion der Tiefe aufgetragen.

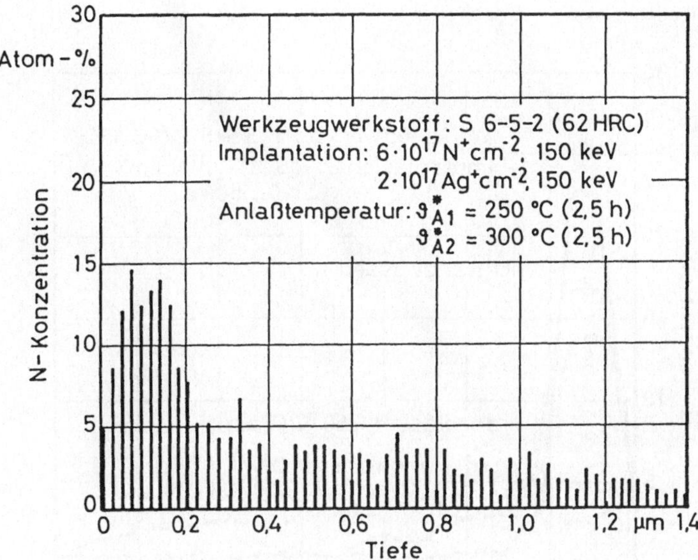

Bild 15: Stickstofftiefenprofil der Randzone eines stickstoff- und silberionenimplantierten und zweifach angelassenen Fließpreßstempels.

Erwartungsgemäß wurde die Zone des eindiffundierten Stickstoffs deutlich in den Festkörper hinein ausgedehnt. Ab etwa 0,2 μm bis zu 1,5 μm Tiefe ist eine ausgeprägte Diffusionszone sichtbar. Inwieweit hier überhaupt die gleichzeitig vorliegende Implantation von Silberionen zum Tragen kommt, ist fraglich. Auf Grund theoretischer Reichweiteberechnungen liegt nämlich die Eindringtiefe von Silberionen um eine Größenordnung unter derjenigen von Stickstoffionen. Innerhalb der Diffusionszone bewegt sich der Wert der Stickstoffkonzentration um 3 bis 1 Atom-%.

Das in Bild 14 bereits vorhandene Plateau im Bereich der ursprünglich implantierten Zone bleibt stabil, ist allerdings etwas schmaler und etwas mehr zur Oberfläche hin verschoben. Seine Ausdehnung erstreckt sich von etwa 0,04 bis 0,15 μm Tiefe. Das Plateau verbreitert sich offenbar auf Grund der erhöhten Temperaturen und längeren Diffusionszeiten. Zur Oberfläche hin kann zwar nicht so viel Stickstoff wegdiffundieren wie zur Werkstückmitte, aber das Maximum der Verteilung kann sich zum Werkstückrand hin verlagern. Dies wird auch durch Vergleich mit den berechneten Werten aus [61] bestätigt. Für Implantation von Stickstoff in Eisen oder Stahl ergibt sich demnach eine projizierte mittlere Reichweite $R_p = 0{,}167$ μm und eine projizierte Standardabweichung $\Delta R_p = 0{,}054$ μm, d. h. das Maximum ist um ca. $0{,}07$ μm nach außen hin verschoben.

In Bild 16 sind die drei Tiefenprofile zum besseren Vergleich gemeinsam aufgetragen. Die Ergebnisse im Vergleich von stickstoffimplantiertem Stahl ohne und mit anschließendem Anlassen decken sich mit Ergebnissen von Dearnaley [68].

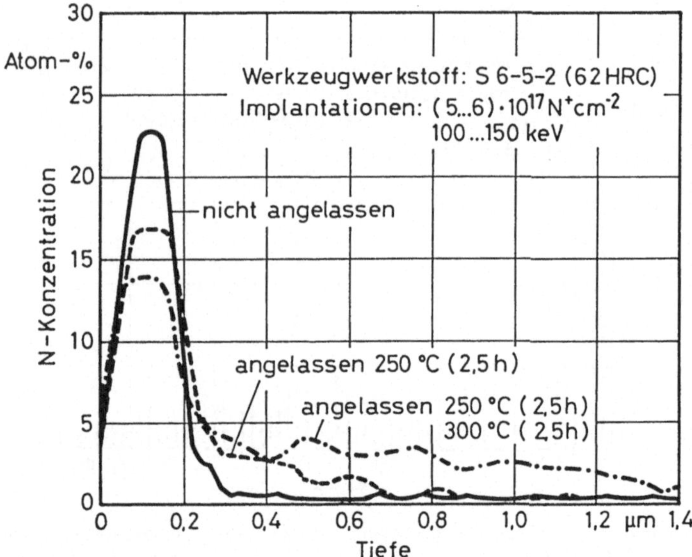

Bild 16: Vergleich der Stickstofftiefenprofile eines nichtangelassenen und zweier verschieden angelassener Fließpreßstempel.

Das nichtangelassene Profil zeigt eine Verteilung, wie sie nach theoretischen Berechnungen zu erwarten war. Der überwiegende Anteil des implantierten Stickstoffs dürfte auf Zwischengitterplätzen gelöst vorliegen. Er trägt dabei zwar direkt nicht stark zur Festigung der Oberfläche bei. Ein großes Potential von Zwischengitteratomen wirkt hier verschleißmindernd [88, 133], vgl. Abschnitt 4.2.

Das Anlassen der ionenimplantierten Werkzeuge bei 250 °C für 2 Stunden führt zu einer leichten Plateaubildung am Ort des Maximums mit einer schwachen Verbreiterung der Verteilung. Die Tatsache, daß sich ein Plateau bildet und die Verteilung nicht die Form einer sich verbreiternden Normalverteilung annimmt, deutet auf Ausscheidungsvorgänge im Konzentrationsbereich von $x_N > 10$ Atom-% hin. Die Phasenbildung nach Stickstoffionenimplantation wurde für das System in Abschnitt 4.1.2.2 schon diskutiert. Der eindiffundierte Anteil liegt hier in jedem Fall unter 3 Atom-% vor. Ein zusätzliches Anlassen bei 300 °C setzt die N-Konzentration im oberflächennahen Bereich herab. Das Plateau verbreitert sich. In der Diffusionszone ist ein Bereich mit nahezu konstanter Konzentration um etwa 2 Atom-% zu erkennen.

Wie später gezeigt werden wird (Abschnitte 7.1.1.2, 7.1.2.2, 7.2.2.2 und 7.2.3.2), führt das Anlassen der Werkzeuge nach der Ionenimplantation – speziell nach Stickstoffimplantation – zu einer deutlichen Leistungssteigerung, wobei mit Anlassen eine Anlaßbehandlung der Implantationszone und nicht des Grundwerkstoffs an sich gemeint ist. In der Literatur ist es im übrigen bekannt, daß auch bei gewöhnlichen Nitrierschichten in Schnellarbeitsstahl die Zähigkeit durch einstündiges Anlassen bei 300 °C erhöht werden kann [178]. Auf Grund von Untersuchungen der Entmischungsvorgänge nitrierter Stähle konnte der Beweis erbracht werden, daß die Festigkeitssteigerung durch das Nitrieren unter anderem auf den zu einer $Fe_{16}N_2$-Ausscheidung führenden Teil des Entmischungsvorgangs „Aushärtung" des übersättigten Eisen-Stickstoff-Mischkristalls zurückzuführen ist [179].

Der positive Einfluß von Legierungselementen vieler Werkzeugstähle auf die Verschleißminderung nach Ionenimplantation wurde in Abschnitt 4.2.1.2 bereits diskutiert. Demnach dürften beispielsweise im Schnellarbeitsstahl S 6-5-2 nach der Ionenstrahlbehandlung Chromnitride vorliegen [121].

5.3.2.2 Härte der ionenimplantierten Randzone

Zur Bestimmung der Härte von ionenimplantierten Randzonen von Werkzeugen (vgl. Abschnitt 4.1.2.3) kann die übliche Mikrohärtemessung mit Kleinlasthärteprüfern nicht herangezogen werden. Bei den gebräuchlichen Prüfkräften von 0,15 bis 20 N [180] dringt der Prüfkörper während der Messung viel zu tief durch die ionenstrahlbehandelte Randzone in den Grundwerkstoff ein, so daß überwiegend die Härte des Grundwerkstoffs gemessen wird. Daher wurde zur Bestimmung der Härte die Härteprüfung nach *Knoop* verwendet. Das Verfahren ähnelt der Härteprüfung nach *Vickers*. Anders als bei dem Verfahren nach *Vickers*, bei dem bekanntlich eine Diamantpyramide mit quadratischer Grundfläche Verwendung findet, besitzt die beim Knoop-Verfahren verwendete Diamantpyramide eine rhombische Grundfläche. Die Eindrücke sind sehr flach und schmal, weshalb sich das Verfahren besonders zur Prüfung dünner Schichten eignet [181].

Die untersuchten Werkzeuge wurden mit Prüfkräften von 49 mN bis 2,94 N beaufschlagt. Selbst bei den kleinen Prüfkräften wird auf Grund der sehr geringen Dicke der implantierten Schichten nicht die tatsächliche Härte an der Oberfläche dargestellt, sondern dies kann noch beträchtlich höher liegen. Von allen untersuchten Werkzeugstählen mit üblichen Härtezuständen wurden Probekörper angefertigt und der gleichen Ionenimplantationsbehandlung unterzogen (Dosis $6 \cdot 10^{17}\,N^+cm^{-2}$ bei 60 keV). Zur Bestimmung der Dosisabhängigkeit der Härte implantierter Werkzeuge wurden außerdem Prüfkörper aus S 6-5-2 mit unterschiedlichen Dosen implantiert; anschließend wurde eine Härteprüfung durchgeführt. Die Härtemessungen wurden am Physikalisch-Chemischen Institut – Radiochemie – der Universität Heidelberg durchgeführt.

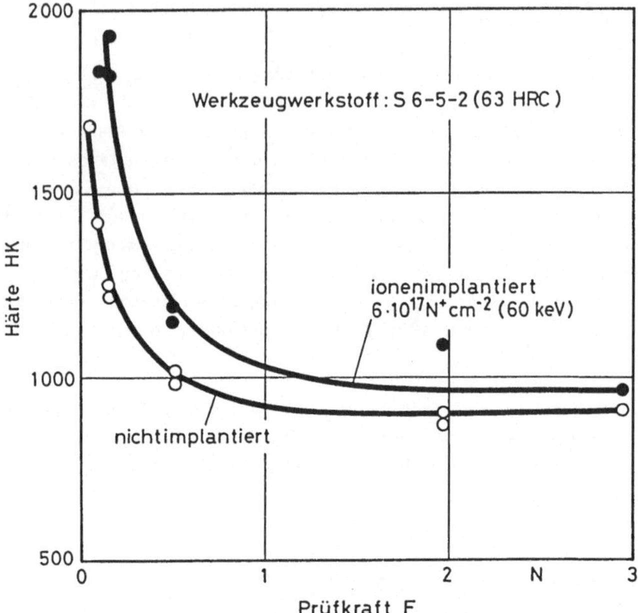

Bild 17: Knoophärte gegen beaufschlagte Prüfkraft für den implantierten und nichtimplantierten Schnellarbeitsstahl S 6-5-2.

In Bild 17 ist die Knoophärte des implantierten und des nichtimplantierten Schnellarbeitsstahls S 6-5-2 als Funktion der Prüfkraft aufgetragen. Wie bei dieser Art der Auftra-
gung üblich, verzeichnet man bei kleineren Lasten eine größere Härte, siehe z. B. [182].
Es wird deutlich, daß bei dem Schnellarbeitsstahl mit vergleichsweise großer Härte auch
schon bei relativ großen Prüfkräften eine Härtesteigerung festgestellt werden kann, da
der Prüfkörper nicht sehr tief in den Grundwerkstoff eindringen kann. Extrapoliert man
die aufgenommenen Kurven auf die fiktive Prüfkraft 0 N, so ergibt sich eine Härtezunahme
durch Ionenimplantation um etwa 40 %.

Im Bild 18 ist in der gleichen Darstellung die Härte des implantierten und nichtimplantierten Warmarbeitsstahls X 40 CrMoV 5 1 aufgetragen. Wegen der geringen Härte des
Grundwerkstoffs ist bei größeren Prüfkräften kein nennenswerter Unterschied zwischen
implantiertem und nichtimplantiertem Muster zu erkennen. Die Extrapolation auf 0 N
Prüfkraft ergibt eine Härtezunahme um etwa 45 bis 55 % auf Grund der Implantation.

Bild 19 zeigt die Härte des implantierten und nichtimplantierten Kaltarbeitsstahls
X 155 CrVMo 12 1. Die Härte des Grundwerkstoffs liegt mit 58 HRC genau zwischen derjenigen der beiden vorangegangenen Bilder. Entsprechend fällt auch die Härtezunahme
aus, wenn sie bei größeren Prüfkräften gemessen wird. Auffallend ist hier jedoch der

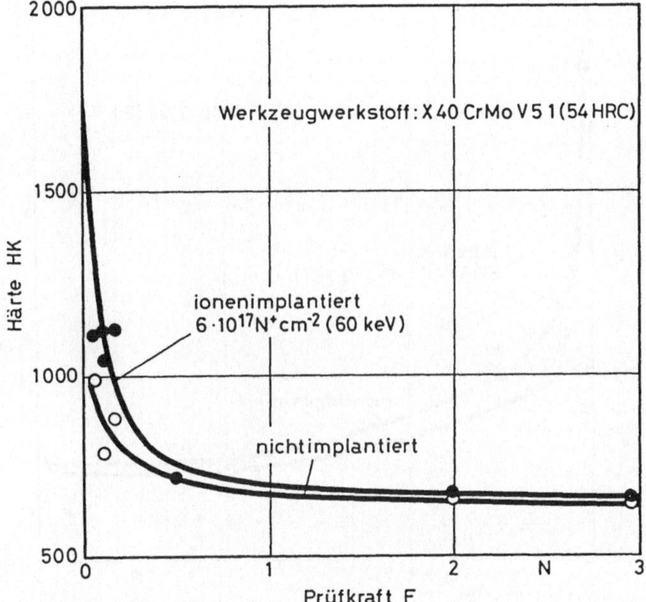

Bild 18: Knoophärte gegen beaufschlagte Prüfkraft für den implantierten und nicht-implantierten Warmarbeitsstahl X 40 CrMoV 5 1.

große Härtezuwachs des implantierten Prüflings gegenüber der nichtimplantierten Variante. Die Härtezunahme bei der fiktiven Prüfkraft von 0 N würde nach der Extrapolation etwa 120 % betragen.

Vergleicht man die Härtewerte der in den drei vorangegangenen Bildern vorgestellten implantierten Stähle, so zeigt sich ein proportionaler Zusammenhang zwischen dem Chromgehalt der Stähle und der Härtezunahme nach Stickstoffimplantation, siehe Tabelle 4. Demnach scheint die Härtesteigerung in Werkzeugstählen nach Stickstoffimplantation in erster Linie auf die Bildung von Chromnitriden und die implantationsbedingte Bildung bzw. Strukturänderung chromhaltiger Carbonitride zurückführbar zu sein.

Neben der Untersuchung des Zusammenhangs zwischen Stahlzusammensetzung und implantationsbedingtem Härtezuwachs wurde die Abhängigkeit der Härte von der Implantationsdosis ermittelt. Bild 20 zeigt den Zusammenhang zwischen Härte und Implantationsdosis für den Stahl S 6-5-2.

Im Bereich von 2 bis $6 \cdot 10^{17} N^+ cm^{-2}$ erkennt man einen linearen Zusammenhang zwischen der Implantationsdosis und der Härte. Da bei der geringen Prüfkraft die Meßwerte stark streuen, wurde wie bei den Bildern 17 bis 19 die Härte bei verschiedenen Prüfkräf-

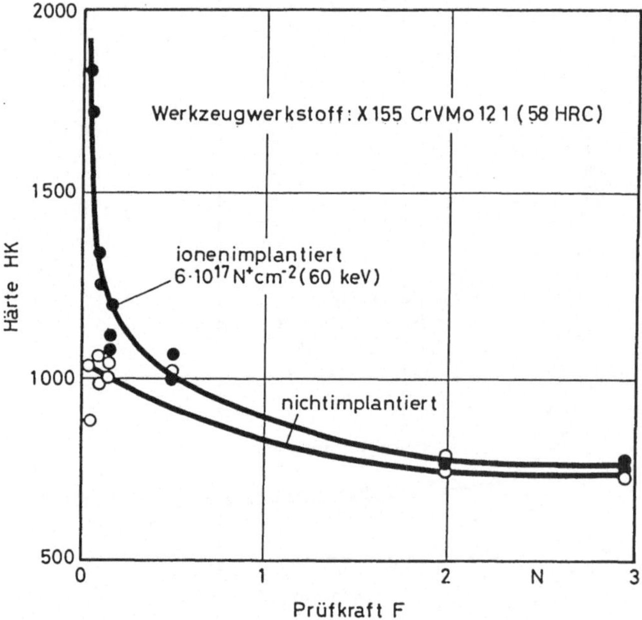

Bild 19: Knoophärte gegen beaufschlagte Prüfkraft für den implantierten und nicht-implantierten Kaltarbeitsstahl X 155 CrVMo 12 1.

Tabelle 4: Chromgehalt und extrapolierte Härtezunahme der untersuchten Werkzeug-stähle.

Stahl	Chromgehalt [Masse-%]	extrapolierte Härtezunahme für Prüfkraft gegen 0 N
S 6-5-2	4	38 %
X 40 CrMoV 5 1	5,3	45 bis 55 %
X 155 CrVMo 12 1	12	120 %

ten ermittelt. Dies ermöglichte eine zuverlässige Bestimmung der Härte bei der geringen Prüfkraft durch Entnahme der Werte aus den erhaltenen Diagrammen. Das gezeigte Ergebnis kann nur einen qualitativen Hinweis auf den Dosiseinfluß in der Praxis liefern, da die implantierten Probekörper aus ungehärtetem Schnellarbeitsstahl bestanden. *Dimigen et al.* fanden, daß die Härtesteigerung durch Ionenimplantation im ungehärteten wie im gehärteten Zustand qualitativ den gleichen Verlauf zeigt [183], d. h. es bestehen entsprechende Zusammenhänge bezüglich des tendenziellen Verhaltens des Werkstoffs.

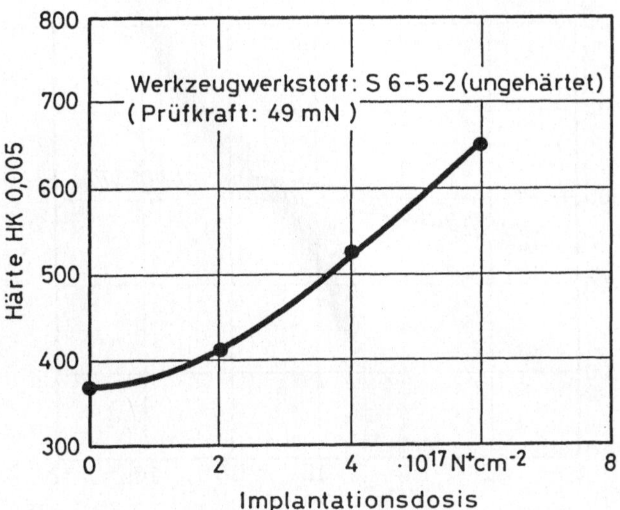

Bild 20: Knoophärte für den stickstoffimplantierten Schnellarbeitsstahl S 6-5-2 in Abhängigkeit von der Implantationsdosis.

5.4 Werkstückwerkstoff

Als Werkstückwerkstoff wurde der legierte Einsatzstahl 20 Mn Cr 5 (Werkstoff-Nr. 1.7147) gemäß VDI-Richtlinie 3143, Bl. 1 [184], ausgewählt, so daß man zwar einen noch gut umformbaren Werkstoff zur Verfügung hat, aber an die Verschleißbeständigkeit der Werkzeuge doch schon hohe Anforderungen gestellt werden müssen. Bild 21 gibt die Fließkurve des verwendeten Werkstoffs wieder (Streuband der verwendeten Chargen). In Tabelle A3 im Anhang sind die Analysen der beiden verwendeten Chargen aufgeführt. Der Werkzeugwerkstoff wurde als rundes Stabmaterial nach DIN 1013 [185] mit einem Durchmesser von $d = 14$ mm gerichtet und GKZ-geglüht bezogen und verarbeitet.

5.5 Schmierungsbedingungen

Die Werkstückoberfläche wurde nach Beizen in konfektioniertem schwefelsäurehaltigem Bad vor der Umformung im üblichen Tauchbadverfahren oberflächenbehandelt. Als Schmierstoffträgerschicht wurde gemäß DIN 50942 [186] eine 12 bis 15 μm dicke Zinkphosphatschicht nitratbeschleunigt aufgebracht. Anschließend wurden die Rohteile mit dem Seifenschmierstoff Bonderlube 236 (reine Alkaliseife) behandelt. Dadurch entsteht auf der Werkstückoberfläche ein aus Zinkstearat und Natriumstearat bestehender Überzug. Durch Einwirkung von Druck und Temperatur während des Umformvorganges schmilzt diese Schicht zu einer homogenen glasartigen Masse und übernimmt dabei die Aufgabe der Schmierung des Umformvorganges und damit der Trennung des Werkstücks

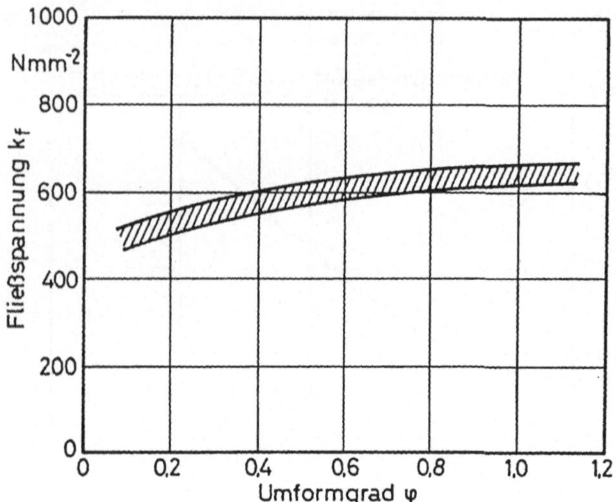

Bild 21: Fließkurve des als Werkstückwerkstoffes verwendeten legierten Einsatzstahls 20 MnCr 5.

vom Werkzeug [187]; zu den Grundlagen siehe z. B. [188]. Die gewählte Vorbehandlung der Werkstücke entspricht der industriell üblichen Vorbehandlung von Werkstücken vor dem Kaltfließpressen [189].

6 Verschleißmessung

6.1 Verschleiß in der Massivumformung

6.1.1 Verschleiß beim Stauchen zwischen ebenen Bahnen

Beim Stauchen zwischen ebenen planparallelen Bahnen wird das Rohteil zu einem Werkstück mit kleinerer Höhe und einem größeren Durchmesser umgeformt. Die Stirnseite des Rohteils vergrößert sich durch Gleiten sowie durch anschließendes Umwölben und Anlegen eines Teils der ursprünglichen Mantelfläche an die Stauchbahn. Auf Grund des in radialer Richtung stattfindenden Gleitvorgangs wird der zu Beginn des Umformvorgangs vorliegenden Druckbeanspruchung zusätzlich eine Scherbeanspruchung überlagert; diese wird vom Reibungsverhalten des tribologischen Systems beeinflußt [190].

Es wurden bei den Versuchen geschliffene und geläppte Stauchbahnen eingesetzt. Bei den geschliffenen Stauchbahnen war ein deutlicher Einlaufbereich zu erkennen. Dies beruht darauf, daß zunächst die Rauheitsspitzen durch Verschleiß abgetragen werden, wodurch die Tribokontaktfläche vergrößert wird. Nach Abschluß des Spitzenabtrags nimmt die lineare Verschleißrate ab.

Die gescherten Rohteile weisen an der Stirnseite auf Grund des Bruchvorgangs beim Scheren eine unregelmäßige Oberflächenstruktur mit extrem großer Rauheit auf. Die Rauheitsspitzen können zu Beginn des Stauchvorganges die aufgebrachte Schmierstoffschicht durchstoßen, so daß der dann einsetzende Mischreibungszustand auch zu metallischem Kontakt führen kann [16]. Dadurch beginnt der Verschleiß primär durch adhäsives Verschweißen von Werkstückwerkstoff auf der Werkzeugoberfläche. Bei fortschreitendem Umformvorgang bzw. bei folgenden Maschinenhüben werden diese Aufschweißungen auf Grund der starken Scherbelastung losgerissen. Die Aufschweißungen besitzen eine sehr große Härte, da die Entstehung von Kaltaufschweißungen mit lokal extrem hohen Kaltverfestigungen verbunden ist. Die Scherebene beim Losreißen der Aufschweißungen kann auch im Werkzeugwerkstoff liegen [17]. Die losgelösten Partikel wirken auf Grund ihrer großen Härte dann stark abrasiv in der Wirkfuge zwischen Stauchbahn und Werkstück. Dies führt zu Furchungsverschleiß auf der Stauchbahnoberfläche.

6.1.2 Verschleiß beim Napf-Rückwärts-Fließpressen

Zwischen Stempelstirnseite und darunter liegendem Werkstoff tritt nur eine geringfügige Relativbewegung auf; dies wurde bereits in einer Untersuchung von *Kast* nachgewiesen [191]. Dementsprechend ist der Verschleiß an der Stempelstirnfläche sehr gering, vgl. [15 – 17].

Die Oberflächenvergrößerung nimmt beim Napf-Rückwärts-Fließpressen auf der Napfinnenwand extreme Werte an. Entsprechend groß ist auch die tribologische Belastung des Fließbundes. Ähnliche wie beim Stauchen tritt hauptsächlich adhäsiver und abrasiver Verschleiß auf, d. h. die Werkzeuge verschleißen durch adhäsives Verschweißen von Werkzeug- und Werkstückwerkstoff sowie sekundär durch das Losreißen dieser Verschweißungen, die dann in der Wirkfuge zwischen Fließbund und Werkstück als harte

Partikel vorliegen und am Werkzeug einen starken Furchungsverschleiß infolge Abrasion hervorrufen. Der Verschleiß ist über der Höhe des Fließbundes konstant, d. h. der Werkzeugwerkstoff wird gleichmäßig abgetragen [17]. Makroskopisch kann der Verschleiß an Hand der Durchmesserabnahme des Fließbundes bestimmt werden.

6.2 Verschleißmeßverfahren

Der beim Verschleiß von Werkzeugen oder Bauteilen zu erfassende Verschleißbetrag kann mit verschiedenen Methoden gemessen werden [153].

Mit der **Erfassung der verschleißbedingten Maßänderung von tribologisch beanspruchten Bauteilen** können die linearen, planimetrischen, volumetrischen und massenmäßigen Verschleißmeßgrößen einschließlich der zugehörigen Verschleißraten bestimmt werden. Eine Zusammenstellung der gebräuchlichsten Methoden nimmt die DIN 50 321 „Verschleiß-Meßgrößen" vor [192]. Die **Verschleißmessung durch Sammlung und Analyse der Verschleißpartikel** eignet sich besonders in ölgeschmierten Tribosystemen, wie sie beim Kaltmassivumformen z. B. bei horizontal arbeitenden Mehrstufenpressen vorliegen.

Zu den **indirekten Methoden** zählen vor allem die Verfahren der betrieblichen Verschleißprüfung. Im folgenden werden die in dieser Arbeit verwendeten Meßverfahren erläutert.

6.2.1 Geometriemessung
6.2.1.1 Stauchen zwischen ebenen Bahnen

Beim Stauchen zwischen ebenen Bahnen erzeugt der Verschleißvorgang ein charakteristisches Verschleißprofil auf der Stauchbahnoberfläche (Bild 22). Im Zentrum der Stauchbahn ist auf Grund von adhäsivem Materialübertrag nach Versuchsende eine geringe Überhöhung gegenüber dem Ausgangszustand zu erkennen. Von der Stauchbahnmitte ist bis zum Kantenbereich des Rohteils hin eine schwache Zunahme des Verschleißes zu sehen. Erst über diesen Ausgangsradius hinaus ist eine deutliche Auskolkung der Stauchbahn festzustellen, welche zum Randbereich des gestauchten Fertigteils hin wieder abnimmt. Das Maximum liegt in Übereinstimmung mit Ergebnissen aus [15] unterhalb der Kante des Rohteils.

Zur Ermittlung des Verschleißes der Stauchbahnen wurden die Werkzeuge in bestimmten Intervallen aus dem Säulenführungsgestell ausgebaut, das in Bild 22 dargestellte Profil abgetastet und der maximale lineare Verschleißbetrag W_ℓ bestimmt. Dazu wurden die Stauchbahnen auf einem Schlitten fixiert, der auf geschliffenen Führungsschienen gleitend gelagert war. Diese Lagerung gewährleistete eine konstante und hinreichend genaue Geometrie, um im Submikrometerbereich Längenmessungen durchführen zu können. Auf das Grundgestell der Meßvorrichtung war ein massives Stativ aufgeschraubt, an dem der Meßtaster befestigt war.

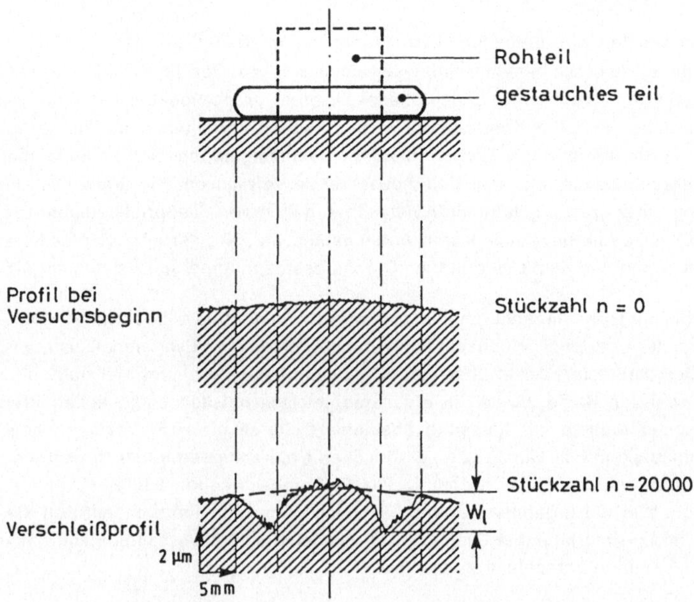

Bild 22: Profil einer Stauchbahn bei Versuchsbeginn und Verschleißprofil beim Stauchen zwischen ebenen Bahnen.

Als Prüfkopf diente ein induktiver Meßtaster (Fabrikat Feinprüf 1304K). Die Auswertung erfolgte über ein Universalgerät (Feinprüf Millitron 1202D), an das ein Meßwertdrucker zur Datenregistrierung (Feinprüf Milliprint 1299IC) und ein Schnellschreiber (Feinprüf Milligraph 1292IC), der das erfaßte Profil graphisch darstellte, angeschlossen waren. Die Verwendung eines Längenmeßsystems hat gegenüber einem Rauheitsmeßgerät den Vorteil, daß sämtliche Möglichkeiten einer Verfälschung des Profils, wie es durch mechanische und elektronische Filter bei der Erfassung der Rauheitswerte üblich ist, ausgeschlossen werden kann.

Der Meßschlitten wurde mittels eines Getriebemotors mit konstanter Vorschubgeschwindigkeit bewegt und die Aufzeichnung der Profiltiefe erfolgte ebenfalls mit konstanter Geschwindigkeit, so daß das erhaltene Profil die exakte Wiedergabe der geometrischen Verhältnisse gewährleistete.

Es wurden während des Versuchs jeweils die obere unbehandelte und die untere ionenstrahlbehandelte Stauchbahn bei bestimmten Stückzahlen ausgebaut und vermessen. Die Meßintervalle waren zu Beginn des Versuchs zur Erfassung von möglichen Einlaufvorgängen kürzer und anschließend zur Reduzierung des Meßaufwandes länger.

6.2.1.2 Napf-Rückwärts-Fließpressen

Hierbei wurden in regelmäßigen Abständen einige Näpfe aus der laufenden Fertigung entnommen und der Innendurchmesser ausgemessen. Der Verschleiß am Fließbund des Stempels führt (nach einer Einlaufphase) zu einer proportionalen Abnahme des Napfinnendurchmessers. Zur Kontrolle der geometrischen Verhältnisse am Fließpreßwerkzeug wurde in Stichproben der Fließbund vor Versuchsbeginn, speziell im Einlaufbereich und nach Versuchsende mit einer Feinmeßschraube vermessen. Die Ergebnisse bestätigten das von *Weiergräber* gefundene Aufstauchverhalten von Fließpreßstempeln mit den vorliegenden Geometrieverhältnissen, wobei nach etwa 300 gefertigten Näpfen keine weitere Aufstauchung und damit verbundene Durchmesserzunahme mehr stattfindet [15].

Zur Messung des Innendurchmessers wurde ein hartmetallbestückter Meßtaster verwendet, der über eine Triebnadel mit dem oben erwähnten Längenmeßsystem verbunden war. Der Meßtaster wurde über einen Schwimmhalter in einem Meßstativ gelagert; die zu messenden Näpfe wurden in einer geometrisch mit den eingesetzten Preßbüchsen identischen Matrize zur Messung positioniert. Durch diese Maßnahmen ließ sich die Meßgenauigkeit unabhängig von persönlichen Unterschieden in der Bewertung der Meßergebnisse, wie sie bei Verwendung von Feinmeßschrauben auftreten können, deutlich erhöhen. Wie die Ergebnisse zeigen, ist nach dem Einlaufbereich, auf den die Aufstauchung, temperaturbedingte Einflüsse und Einlaufverschleißverhalten Einfluß ausüben, eine gleichmäßige Verschleißrate festzustellen.

6.2.2 Oberflächenmessung

Die Bestimmung der Oberflächenkenngrößen der Versuchswerkzeuge im Ausgangszustand und nach Abschluß des Versuchs erlaubt nur eine qualitative Aussage zum Verschleißverhalten. Die Erfassung der Oberflächenkenngrößen ist trotzdem wichtig, da einerseits festgestellt werden muß, inwieweit eine Ionenstrahlbehandlung die Veränderung der Oberflächentopographie bei fortschreitendem Verschleiß im Vergleich zu nichtimplantierten Werkzeugen beeinflußt; zum zweiten kann es bei bestimmten Geometrien vorkommen, daß die Oberflächenfeingestalt des Werkzeugs auf der Oberfläche des Werkstücks abgebildet wird, was bei weiter fortgeschrittenem Verschleiß zu einer Beeinträchtigung der Gebrauchseigenschaften der gefertigten Werkstücke führen kann. Die Erfassung der Oberflächenkenngrößen nach DIN 47 62 bzw. DIN 47 68 wurde im Tastschnittverfahren mit Hilfe eines Oberflächenmeß- und -auswertungsgerätes vom Typ HOMMEL TESTER T20S vorgenommen.

Von den ermittelten Oberflächenkenngrößen wurden der Mittenrauhwert R_a, die gemittelte Rauhtiefe R_{zDIN} und die gemittelte Glättungstiefe R_{pm} ausgewertet. Zusätzlich wurde aus diesen Werten in Anlehnung an *Kienzle* und *Mietzner* [193] der gemittelte Profilleeregrad $\lambda_{pm} = R_{pm}/R_{zDIN}$ berechnet und in die Auswertung mit einbezogen. In [193] wurde der Leeregrad $\lambda = R_p/R_t$ verwendet. Dieser wurde aus dem von *Schmaltz* [93] definierten Völligkeitsgrad k in der Beziehung $\lambda = 1 - k$ abgeleitet. Der gemittelte Profilleeregrad λ_{pm} hat gegenüber dem Leeregrad λ den Vorteil, daß er wesentlich unempfindlicher auf

Ausreißer reagiert; diese Verbesserung wurde erst durch die heute übliche rechnergesteuerte Auswertung von Rauheitsmessungen mit vertretbarem Aufwand ermöglicht.

Der gemittelte Profilleeregrad ist ein brauchbares Werkzeug, um verschiedene Rauheitsarten in der Umformtechnik einfach zu klassifizieren. Je größer λ_{pm} ist, desto spitzkämmiger bzw. offener ist das Profil. Umgekehrt wird mit kleiner werdendem λ_{pm} das Profil rundkämmiger bzw. geschlossener. Danach ist z. B. bei umzuformenden Blechteilen ein großer Profilleeregrad anzustreben, damit möglichst viel Schmierstoff zwischen den Rauheitsspitzen Platz findet und ein gutes Schmierpolster bilden kann. Bei Werkzeugen der Kaltmassivumformung hingegen werden im allgemeinen möglichst große tragende Profilflächen angestrebt, d. h. der Profilleeregrad sollte möglichst klein sein.

6.2.3 Dünnschichtdifferenzverfahren

Die Beurteilung des Verschleißverhaltens mit konventionellen Meßmethoden erfordert die Fertigung großer Stückzahlen, was mit einem hohen Versuchsaufwand (Zeit und Kosten) verbunden ist. Daher wurde von *Nehl* ein geeignetes Kurzzeitprüfverfahren — das Dünnschichtdifferenzverfahren (DDV) — an die Belange der Umformtechnik angepaßt [16, 50]. Dazu werden die Fließpreßwerkzeuge durch eine (p,n)-Reaktion mittels eines Zyklotrons in einer dünnen Oberflächenschicht im Bereich der erwarteten Verschleißzone aktiviert. Die durch Verschleiß abgetragene Materialmenge wird aus der Abnahme der Gesamtaktivität des aktivierten Werkzeuges ermittelt. Ausführliche Angaben zur Anwendung des Verfahrens sowie benötigte theoretische Grundlagen findet man in einer Arbeit von *Ballhause* [194].

Das Dünnschichtdifferenzverfahren erlaubt in der Regel eine Beurteilung des Verschleißverhaltens bei geringen Stückzahlen. Da der radioaktive Zerfall von statistischer Natur ist, unterliegt das Meßergebnis einer entsprechenden Streuung. Bei sehr geringen Verschleißraten kann daher kein befriedigendes Meßergebnis erwartet werden. Diese Meßmethode wurde bei der Ermittlung der nachfolgend vorgestellten Ergebnisse nur vereinzelt angewandt.

7 Ergebnisse

Die Versuche wurden mit den unter Kapitel 5 beschriebenen Bedingungen durchgeführt. Die meisten Parameter entsprechen denen der Versuche von *Westheide* [17], *Nehl* [16] und *Weiergräber* [15], wodurch sich der Einfluß von Ionenstrahlbehandlungen auch mit dem Einfluß verschiedener Beschichtungen sowie weiterer Parametervariationen vergleichen läßt. Die Tabellen A4 und A5 im Anhang fassen die Bedingungen der im folgenden dargestellten Versuche zusammen.

7.1 Stauchen zwischen ebenen Bahnen

Einige Stauchbahnen wurden noch wie in [15 – 17] geschliffen eingesetzt. Die gemittelte Rauhtiefe betrug durchschnittlich $R_{zDIN} = 2\,\mu$m. Gegenüber der manuellen Politur auf einer metallographischen Polierscheibe bot das Schleifen den Vorteil, daß eine plane Oberfläche hergestellt wurde, die beim Abtasten des Verschleißprofils mit Meßgenauigkeiten im Submikrometerbereich eine hinreichend genau reproduzierbar abzutastende Oberfläche des Werkzeugs darstellte. Bei den geschliffenen Stauchbahnen war in jedem Fall ein relativ starker Einlaufverschleiß festzustellen, da zunächst die Rauheitsspitzen abgetragen werden. Erst nach etwa ein- bis zweitausend gefertigten Teilen stellte sich eine konstante Verschleißrate ein, d. h. der Verschleißbetrag nahm mit der gefertigten Stückzahl linear zu.

Die meisten Stauchversuche wurden mit flachgeläppten Stauchbahnen durchgeführt. Die gemittelte Rauhtiefe betrug hier im Durchschnitt $R_{zDIN} = 0,5\,\mu$m. Dadurch konnte erreicht werden, daß die Beeinflussung des Verschleißverhaltens durch die Oberflächentopographie der Werkzeuge so gut wie ausgeschaltet wurde. Dies ist daran zu sehen, daß gegenüber den geschliffenen Werkzeugen der Einlaufverschleiß deutlich herabgesenkt wurde.

7.1.1 Einfluß der Stickstoffimplantation
7.1.1.1 Stickstoffimplantation ohne Anlaßbehandlung

Die Wirkung der Implantation von Stickstoffionen in Kaltarbeitsstahl ist in Bild 23 dargestellt. Es wurde eine Dosis gewählt, mit der auch schon bei anderen Anwendungen optimale Ergebnisse erzielt wurden, vgl. Kapitel 4. Der aufgetragene Verschleißbetrag W_ℓ entspricht dem maximalen linearen Verschleißbetrag des Verschleißprofils, wie er in Bild 22 dargestellt ist.

Der Verschleißverlauf zeigt keinen linearen Verlauf. Dies liegt daran, daß bei geschliffenen Stauchbahnen durch die größere Oberflächenrauheit zunächst die Rauheitsspitzen abgetragen werden. Da mit zunehmender Stückzahl die tragenden Flächenanteile größer werden, wird die Verschleißkurve zunehmend flacher und nimmt einen linearen Verlauf an. Die absoluten Verschleißwerte der ionenimplantierten Stauchbahnen liegen bei Stückzahlen über 2 000 zwischen 25 und 45 % unter denen der nichtimplantierten. Nach

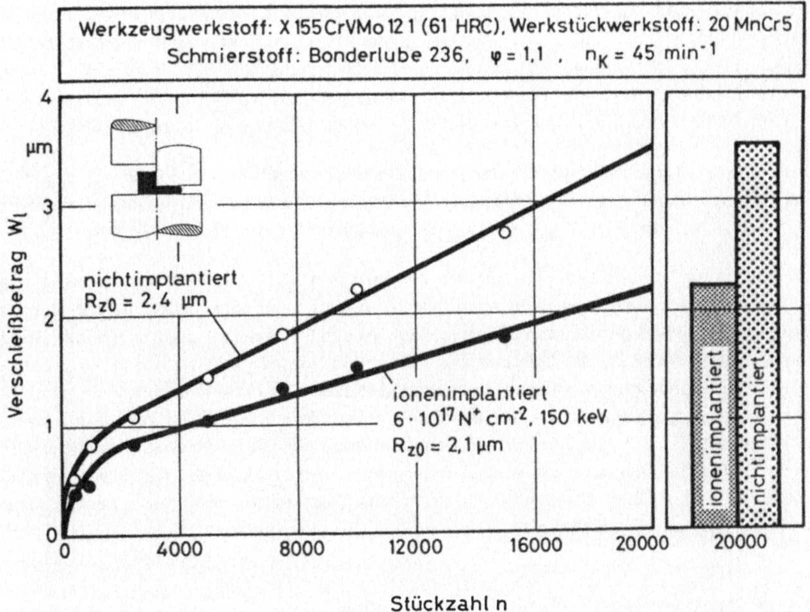

Bild 23: Verschleiß einer stickstoffionenimplantierten und einer nichtimplantierten Stauchbahn.

20 000 gefertigten Teilen beläuft sich der lineare Verschleißbetrag der implantierten Stauchbahn auf 2,2 µm und der nichtimplantierten Stauchbahn auf 3,5 µm, d. h. die absolute Verschleißreduzierung nach dieser Stückzahl liegt bei etwa 37 %.

Als Verschleißrate kann gemäß DIN 50 321 [192] beim Stauchen zwischen ebenen Bahnen, wie auch beim Napf-Rückwärts-Fließpressen, nur das auf den linearen Verschleißbetrag W_ℓ bezogene lineare Verschleiß-Durchsatz-Verhältnis $W_{\ell/z}$ angegeben werden. Da beide Umformverfahren instationär sind, muß der Durchsatz in gefertigten Stückzahlen als Bezugsgröße dienen, während bei stationären Verfahren die Beanspruchungsdauer oder der Beanspruchungsweg sinnvoll wäre. Im linearen Bereich der Verschleißkurven zeigt die stickstoffimplantierte Stauchbahn als Verschleißrate ein Verschleiß-Durchsatz-Verhältnis von $W_{\ell/z} = 77$ pm/Stck, die nichtimplantierte Stauchbahn von $W_{\ell/z} = 135$ pm/Stck.

Ein ungefährer Vergleich zum Verschleiß in stationären Tribosystemen kann auf Grund von Abschätzungen der vorliegenden geometrischen Verhältnissen gewonnen werden. Danach entspricht ein lineares Verschleiß-Durchsatz-Verhältnis an einer Stauchbahn von 100 pm/Stck etwa einem linearen Verschleiß-Weg-Verhältnis (lineare Verschleißintensität [195]) von $W_{\ell/s} = 20$ µm/km Verschleißweg. Bezogen auf das Verschleißvolumen bei den verwendeten Stauchbahnen würde als entsprechende Verschleißrate das volumetrische Verschleiß-Durchsatz-Verhältnis etwa $W_{V/z} = 53\ \mu m^3/Stck$ beziehungsweise unter Berücksichtigung der Dichte des Werkzeugwerkstoffes das massenmäßige Verschleiß-Durchsatz-Verhältnis etwa $W_{m/z} = 0,42\ \mu g/Stck$ betragen. Im Bild 23 sind die entsprechenden Werte für die implantierte Stauchbahn etwa $W_{V/z} = 41\ \mu m^3/Stck$ bzw. 0,8 mm^3/20 000 Stck oder entsprechend $W_{m/z} = 0,32\ \mu g/Stck$ bzw. 6,5 mg/20 000 Stck.

Die relative Verschleißrate W_r der implantierten Stauchbahn, bezogen auf die nicht-implantierte Stauchbahn und unter Zugrundelegung des jeweiligen linearen Verschleiß-Durchsatz-Verhältnisses $W_{\ell/z}$, ist $W_r = (77\ pm/Stck)/(135\ pm/Stck) = 57\ \%$.

Im folgenden bezieht sich die Angabe der relativen Verschleißrate W_r bei sämtlichen Auswertungen, solange es nicht ausdrücklich anders bezeichnet wird, auf den linearen Bereich der jeweiligen Verschleißkurve nach Abschluß des Einlaufverschleißes. Rechnerisch wird dabei W_r als Quotient der Verschleiß-Durchsatz-Verhältnisse $W_{\ell/z}$ von ionenstrahlbehandeltem Werkzeug und unbehandeltem Werkzeug ermittelt. In den Diagrammen wird dagegen auch der absolute lineare Verschleißbetrag W_ℓ bei markanten Punkten sowie nach Abschluß des Versuchs angegeben, da in vielen Anwendungsfällen in der industriellen Praxis die Lebensdauergrenze von Werkzeugen auf Grund von verschleißbedingter Über- bzw. Unterschreitung von Toleranzgrenzen bereits nach wenigen 1 000 gefertigten Werkstücken erreicht wird.

7.1.1.2 Stickstoffimplantation mit Anlaßbehandlung

Wenn hier und im folgenden von Anlaßbehandlung gesprochen wird, dann handelt es sich stets um eine Anlaßbehandlung für die ionenimplantierte Oberfläche — siehe Kapitel 4 — und nicht um eine Anlaßbehandlung des Grundwerkstoffs, deshalb ϑ_A als Bezeichnung der Anlaßtemperatur in °C anstelle von ϑ_A. Es ist plausibel, daß es eine optimale Kombination von Anlaßtemperatur und -dauer geben muß; wichtiger ist jedoch — wie bei vielen thermodynamisch bestimmten Vorgängen — die Temperatur. Ist die Anlaßtemperatur zu niedrig gewählt, kommen die gewünschten Vorgänge nicht in Gang. Ist die Temperatur zu hoch, kann zu viel von dem implantierten Werkstoff in den Grundwerkstoff wegdiffundieren und der Einfluß der Ionenimplantation ist nur schlecht oder nicht mehr feststellbar.

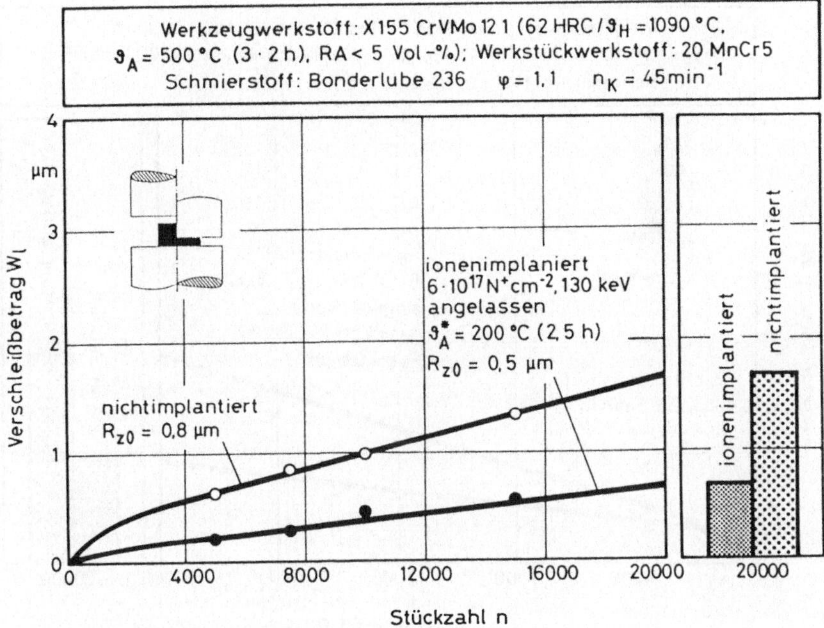

Bild 24: Verschleiß einer angelassenen stickstoffionenimplantierten und einer nichtimplantierten Stauchbahn.

Es wurden Stauchbahnen aus Kaltarbeitsstahl mit gleichen Dosen implantiert und jeweils
bei 200, 250 und 300 °C einer Anlaßbehandlung unterzogen. Bild 24 zeigt den Verschleißverlauf einer Stauchbahn, die nach Stickstoffimplantation bei 200 °C angelassen wurde.

Die Verschleißrate der bei 200 °C angelassenen stickstoffimplantierten Stauchbahn betrug
32 pm/Stck und die der nichtimplantierten Stauchbahn 70 pm/Stck, woraus sich eine relative Verschleißrate von 45 % ergibt.

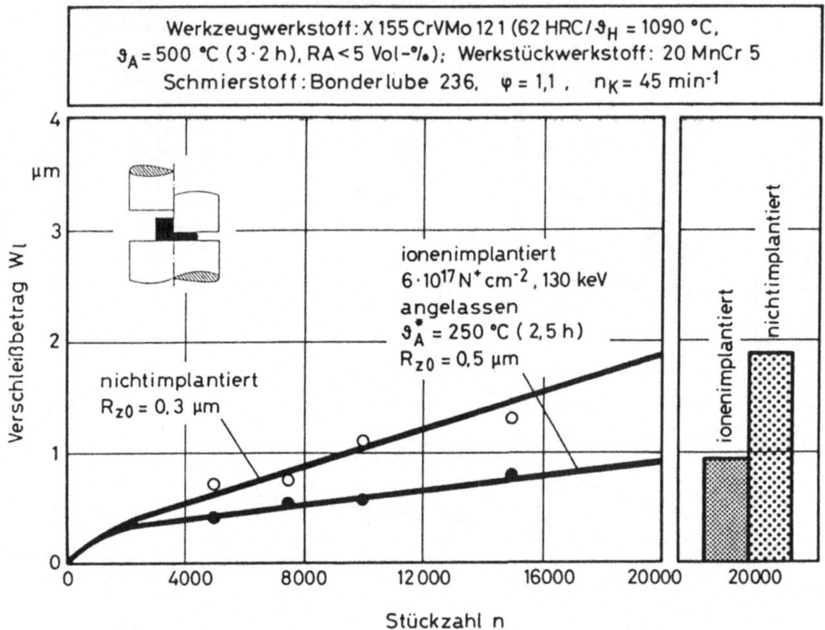

Bild 25: Verschleiß einer angelassenen stickstoffionenimplantierten und einer nichtimplantierten Stauchbahn.

Bild 25 zeigt den Verschleiß einer bei 250 °C angelassenen Stauchbahn im Vergleich zur
nichtimplantierten Stauchbahn. Das Verschleiß-Durchsatz-Verhältnis betrug bei der stickstoffimplantierten Stauchbahn im linearen Bereich 32 pm/Stck, bei der nichtimplantierten
Stauchbahn 83 pm/Stck. Daraus ergibt sich eine relative Verschleißrate von 38 %.

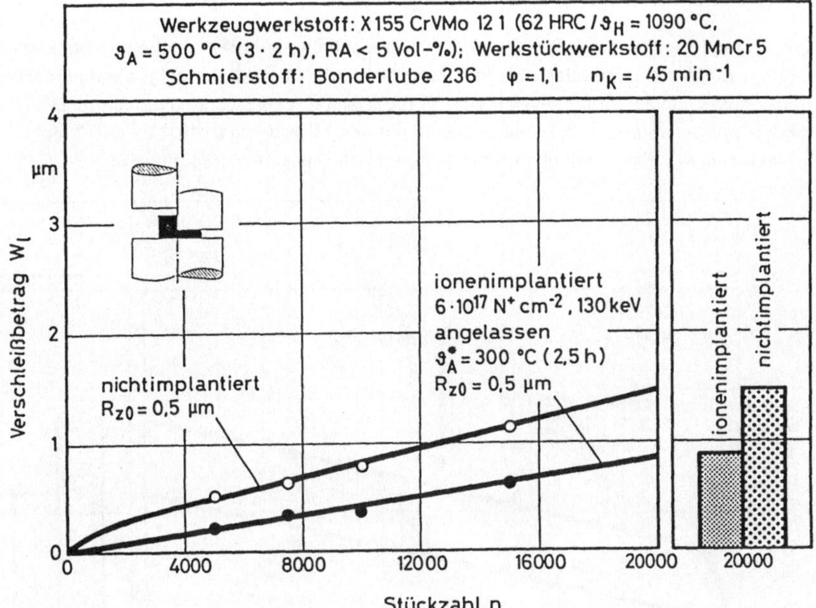

Bild 26: Verschleiß einer angelassenen stickstoffionenimplantierten und einer nichtimplantierten Stauchbahn.

Schließlich wurde der Einfluß einer Anlaßbehandlung bei 300 °C auf das Verschleißverhalten untersucht (s. Bild 26). Gegenüber dem vorangegangenen Untersuchungen nahm
die Verschleißminderung ab. Die Verschleißrate betrug für die ionenimplantierte Stauchbahn 42 pm/Stck und für die nichtimplantierte Stauchbahn 67 pm/Stck. Daraus ergibt sich
eine relative Verschleißrate von 63 %.

Man erkennt, daß stickstoffimplantierte Werkzeuge einen beträchtlichen Beitrag zur Verschleißminderung leisten können, besonders nach einer Anlaßbehandlung. Eine Wertung
und Interpretation der Ergebnisse wird in Kapitel 8 vorgenommen werden.

7.1.2 Einfluß der Borimplantation
7.1.2.1 Borimplantation ohne Anlaßbehandlung

Bild 27 zeigt den Verschleißverlauf für eine Stauchbahn, bei der anstelle von Stickstoffionen mit Borionen implantiert wurde. Die implantierte Stauchbahn zeigt abgesehen vom Bereich des Einlaufverschleißes keine Verbesserung im Verschleißverhalten. Es ist zu folgern, daß eine Implantation mit Borionen mit einer Dosis von $6 \cdot 10^{17}\,B^+\,cm^{-2}$ nicht den Erfolg zeigt, wie eine Implantation mit der gleichen Dosis an Stickstoffionen.

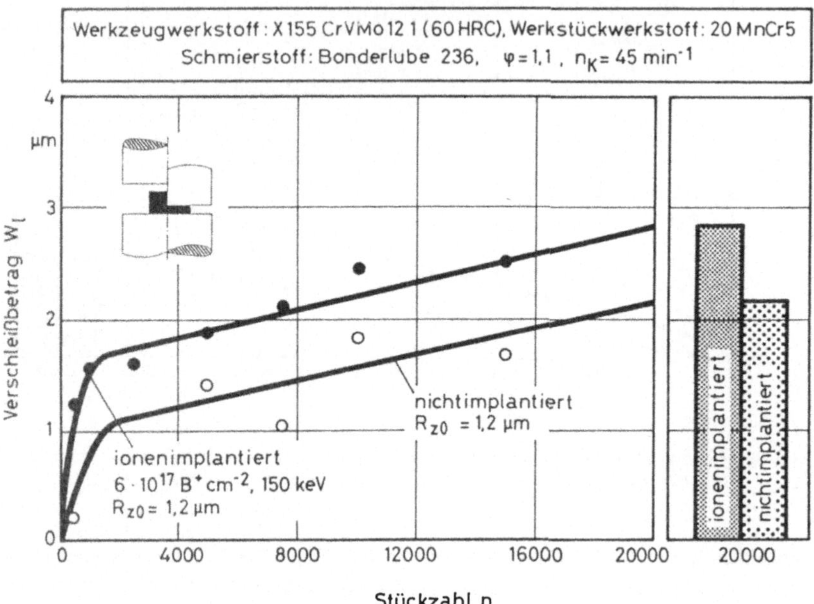

Bild 27: Verschleiß einer borionenimplantierten und einer nichtimplantierten Stauchbahn.

Es gibt Hinweise darauf, daß nach Beschuß mit Borionen in der verwendeten Dosis die Randzone von Eisengrundwerkstoffen amorphisiert ist und daher gegen einen entsprechenden Verschleißangriff nicht gewappnet ist [113], vgl. Kapitel 8. Da die Wahrscheinlichkeit der Amorphisierung der Randzone durch Borimplantation bei kleineren Dosen geringer ist, wurden die Versuche mit angelassenen Stauchbahnen mit deutlich abgesenkten Strahlendosen durchgeführt.

7.1.2.2 Borimplantation mit Anlaßbehandlung

Wie bei der Untersuchung an stickstoffimplantierten Stauchbahnen wurden auch borionenimplantierte Stauchbahnen untersucht, die bei verschiedenen Temperaturen angelassen wurden. Als Anlaßtemperaturen wurden ebenfalls 200, 250 und 300 °C gewählt.

In Bild 28 ist der Verschleißverlauf einer borionenimplantierten und bei 200 °C angelassenen Stauchbahn im Vergleich zu einer nichtimplantierten Stauchbahn wiedergegeben. Bei den geläppten Stauchbahnen konnte kein Einlaufverschleiß beobachtet werden. Das Verschleiß-Durchsatz-Verhältnis der implantierten Stauchbahn beträgt 60 pm/Stck, das der nichtimplantierten Stauchbahn 72 pm/Stck, d. h. mit einer relativen Verschleißrate von 84 % fällt die Verschleißminderung nicht stark ins Gewicht.

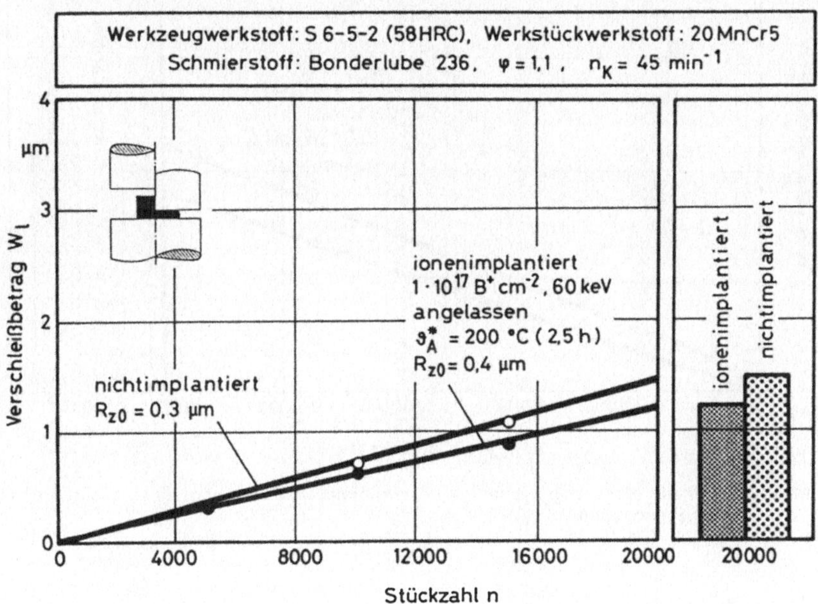

Bild 28: Verschleiß einer angelassenen borionenimplantierten und einer nichtimplantierten Stauchbahn.

Eine Anhebung der Anlaßtemperatur auf 250 °C führt zu keiner Verbesserung des Ergebnisses, vgl. Bild 29. Durch den minimalen Einlaufverschleiß der nichtimplantierten Stauchbahn sieht das Ergebnis nach 20 000 Teilen zwar geringfügig besser aus als im vorhergehenden Fall, jedoch beträgt die Verschleißrate der implantierten und angelassenen Stauchbahn 90 pm/Stck, diejenige der nichtimplantierten Stauchbahnen 104 pm/Stck. Die relative Verschleißrate macht demnach etwa $W_r \approx 85\,\%$ aus.

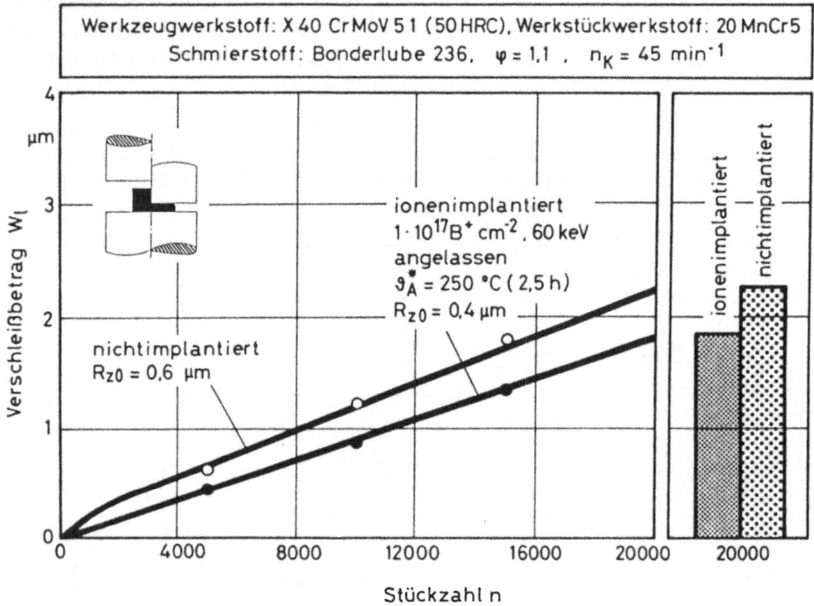

Bild 29: Verschleiß einer angelassenen borionenimplantierten und einer nichtimplantierten Stauchbahn.

Wird bei dieser Anlaßtemperatur die implantierte Dosis erhöht, so ist die Veränderung im Verschleißverhalten ebenfalls nicht von ausschlaggebender Bedeutung, vgl. Bild 30. Nach Anlaßglühung bei 250 °C und einer Dosis von $2 \cdot 10^{17} \, B^+ cm^{-2}$ betrug bei der implantierten Stauchbahn die Verschleißrate 76 pm/Stck und bei der nichtimplantierten Stauchbahn 104 pm/Stck, woraus eine relative Verschleißrate von 73 % resultiert. Dieses Ergebnis ist aber immer noch ungünstiger als bei Stickstoffimplantation ohne Anlaßbehandlung.

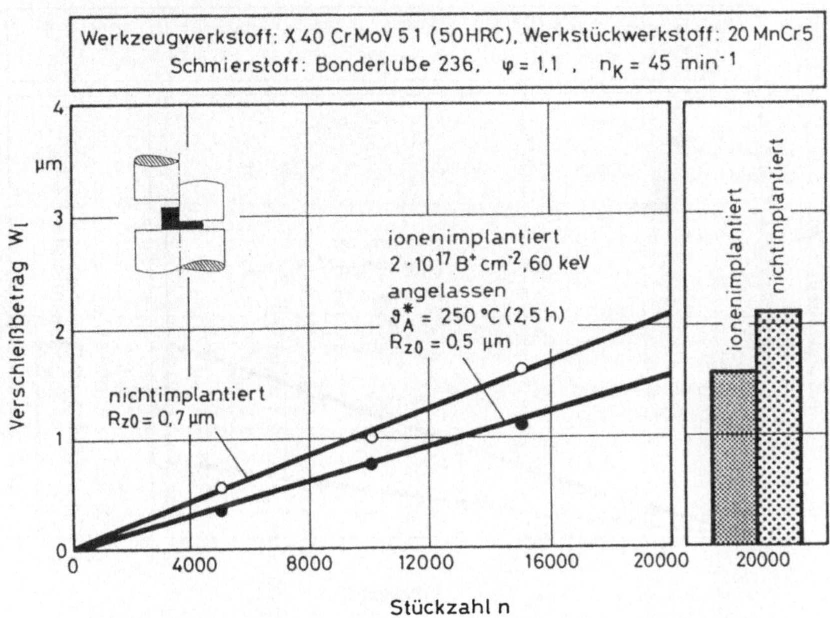

Bild 30: Verschleiß einer angelassenen borionenimplantierten und einer nichtimplantierten Stauchbahn.

Deutlich konnte der Verschleiß erst nach einer Anlaßbehandlung von 300 °C reduziert werden, siehe Bild 31. Die Verschleißrate der implantierten Stauchbahn betrug nur 37 pm/Stck, die der nichtimplantierten Stauchbahn 91 pm/Stck. Die relative Verschleißrate ist daher $W_r \approx 40\,\%$. Demnach liegt die optimale Verschleißminderung durch Anlaßbehandlung nach Borimplantation in der gleichen Größenordnung wie diejenige nach Stickstoffimplantation bei optimaler Anlaßbehandlung.

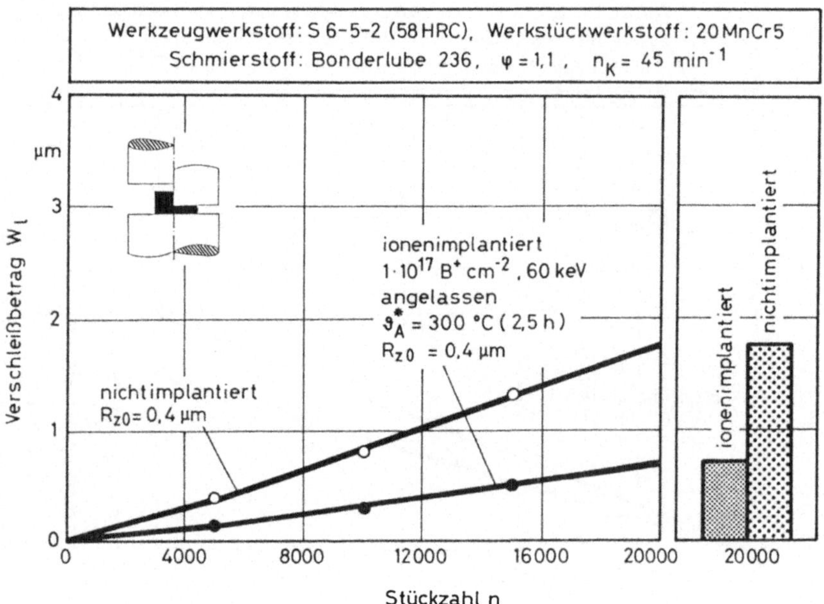

Bild 31: Verschleiß einer angelassenen borionenimplantierten und einer nichtimplantierten Stauchbahn.

7.1.3 Einfluß von Mehrfachimplantationen

Unter den modernen Beschichtungen, die zum Verschleißschutz in der Kaltmassivumformung aufgebracht werden, nehmen die Metall-keramischen Hartstoffschichten eine führende Rolle ein. Besonders verbreitet sind Titannitrid- und Titancarbidschichten. Zur Prüfung, ob mit Hilfe der Ionenimplantation Oberflächen mit ähnlichen Eigenschaften herstellbar sind, wurden Stauchbahnen durch Mehrfachimplantation präpariert.

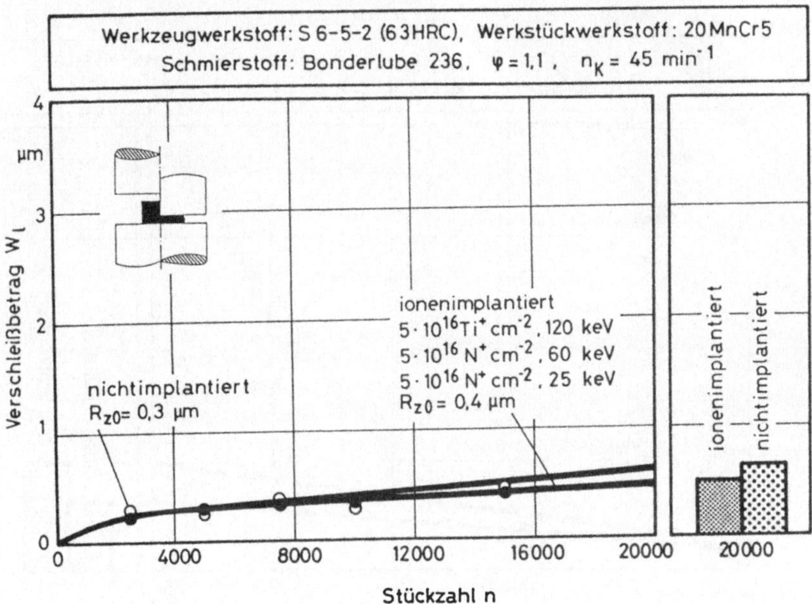

Bild 32: Verschleiß einer titan- und stickstoffionenimplantierten und einer nichtimplantierten Stauchbahn.

Bild 32 zeigt den Verschleißverlauf einer mit Titanionen sowie mit Stickstoffionen implantierten Stauchbahn im Vergleich zu einer nichtimplantierten Stauchbahn. Auf Grund des geringen absoluten Verschleißbetrages ist das Ergebnis wegen der erforderlichen Vergleichbarkeit zu den übrigen Ergebnissen nicht gut darstellbar. Die Versuche wurden bis zu 30 000 gepreßten Teilen gefahren, weshalb die Sicherheit der Meßergebnisse größer ist, als es im gezeigten Bildausschnitt anschaulich wird.

Das Verschleiß-Durchsatz-Verhältnis der titan-/stickstoffimplantierten Stauchbahn betrug im linearen Bereich 13 pm/Stck, das der nichtimplantierten Stauchbahn 22 pm/Stck. Daraus ergibt sich eine relative Verschleißrate von 58 %. Vergleicht man das Ergebnis mit demjenigen der stickstoffimplantierten Stauchbahn ohne Anlaßbehandlung (Bild 23), so kann kein Unterschied in der Verschleißreduzierung festgestellt werden. Eine Erklärungsmöglichkeit ist die, daß nur der Stickstoffanteil zur Verschleißminderung beiträgt. Anlaßversuche konnten aus Zeitgründen mit mehrfachimplantierten Werkzeugen nicht durchgeführt werden. Es erscheint jedoch plausibel, daß sich die gewünschten Phasen erst nach einer Anlaßbehandlung der ionenimplantierten Randzone bilden und dann zu einer erheblichen Verschleißreduzierung führen könnten.

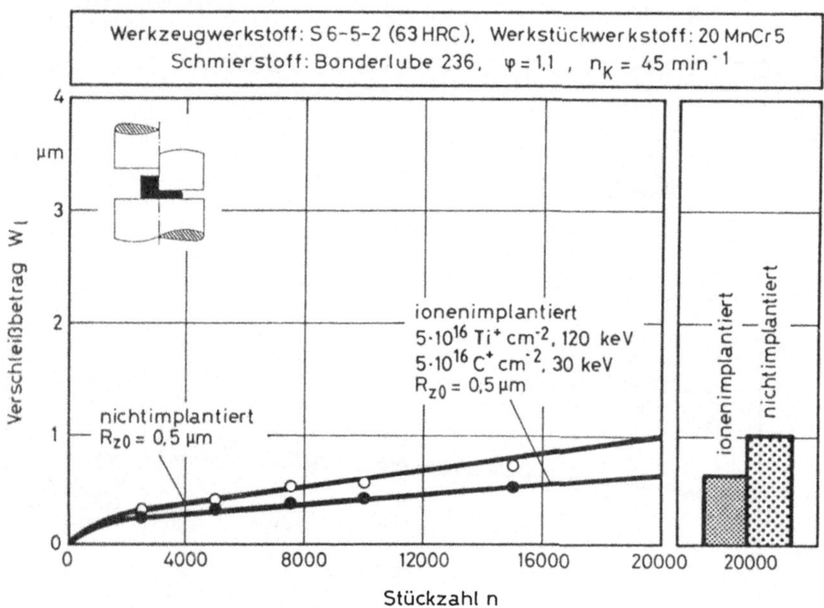

Bild 33: Verschleiß einer titan- und kohlenstoffionenimplantierten und einer nichtimplantierten Stauchbahn.

Ähnliche Verhältnisse liegen bei einer Mehrfachimplantation mit Titan- und Kohlenstoffionen vor, siehe Bild 33. Hier wurden die Versuche ebenfalls bis zu 30 000 gefertigten Teilen durchgeführt. Das Verschleiß-Durchsatz-Verhältnis der titan- und kohlenstoffimplantierten Stauchbahn betrug 22 pm/Stck, das der nichtimplantierten Stauchbahn 40 pm/Stck. Die relative Verschleißrate berechnet sich zu $W_r = 56\,\%$. Wie beim Implantieren mit Ti$^+$ und N$^+$ ergibt sich zwar eine knapp 50 %ige Verschleißreduzierung, jedoch kein entscheidender Vorteil gegenüber der einfacher zu gestaltenden Stickstoffimplantation. Allerdings können auch hier keine Aussagen zum Verhalten von angelassenen Ti$^+$/C$^+$-implantierten Werkzeugen gemacht werden.

7.1.4 Einfluß des Ionenstrahlmischens

Gegenüber einer Verschleißreduzierung von etwa 45 % bei nichtangelassenen stickstoffimplantierten Werkzeugen (Bild 23) wurden bei ionenstrahlgemischten Stauchbahnen wesentliche Verbesserungen festgestellt. Hierzu wurde vor der Ionenimplantation mittels eines Elektronenstrahls Bor im Vakuum verdampft, das anschließend auf der Werkzeugoberfläche wieder kondensierte. Bei der Implantation wurde diese aufgedampfte Schicht dann mit dem Grundwerkstoff durchmischt.

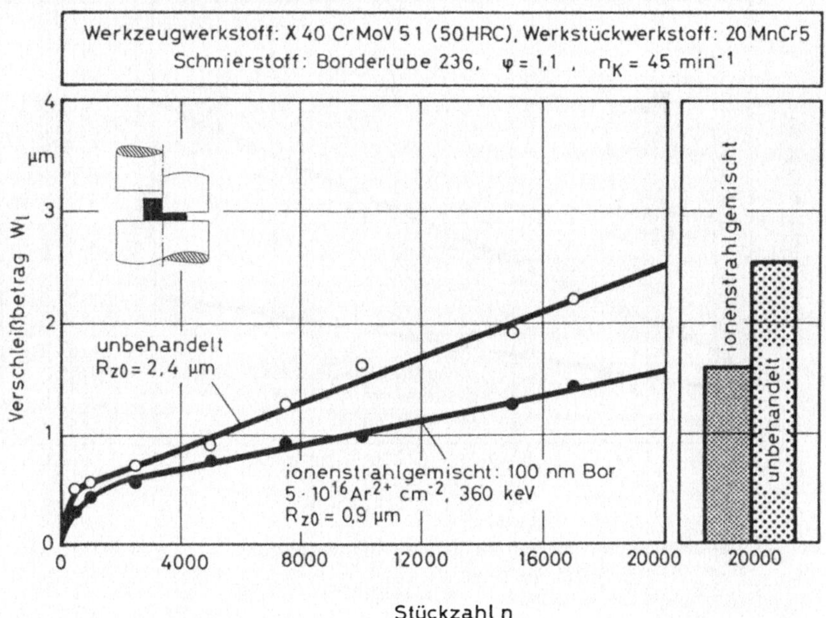

Bild 34: Verschleiß einer mit Bor bedampften und mit Argonionen gemischten sowie einer unbehandelten Stauchbahn.

Bild 34 zeigt den Verschleißverlauf bei einer mit Bor bedampften (Schichtdicke 100 nm) und mit Argonionen gemischten Stauchbahn. Es ist nur ein verhältnismäßig kleiner Einlaufbereich zu erkennen, nach dem der Verschleiß linear zunimmt. Die Verschleißrate der ionenstrahlgemischten Stauchbahn betrug 55 pm/Stck, die der unbehandelten Stauchbahn 102 pm/Stck. Daraus ergibt sich eine relative Verschleißrate von 54 %, d. h. gegenüber einer reinen Stickstoffimplantation – ebenfalls ohne anschließende Anlaßbehandlung – sind hier keine relevanten Verbesserungen feststellbar. Es muß jedoch bemerkt werden, daß mit einem Edelgas implantiert wurde, das keine chemischen Verbindungen mit dem Grundwerkstoff eingehen kann, sondern nur auf Grund seiner kinetischen Energie eine Durchmischung von aufgedampfter Oberflächenschicht und Substrat bewirken kann. Deshalb kann die beobachtete Verschleißminderung lediglich auf die Anwesenheit des Bors in Verbindung mit den implantationsbedingten mechanischen Verspannungen bzw. Neuordnungen des Gitters zurückgeführt werden.

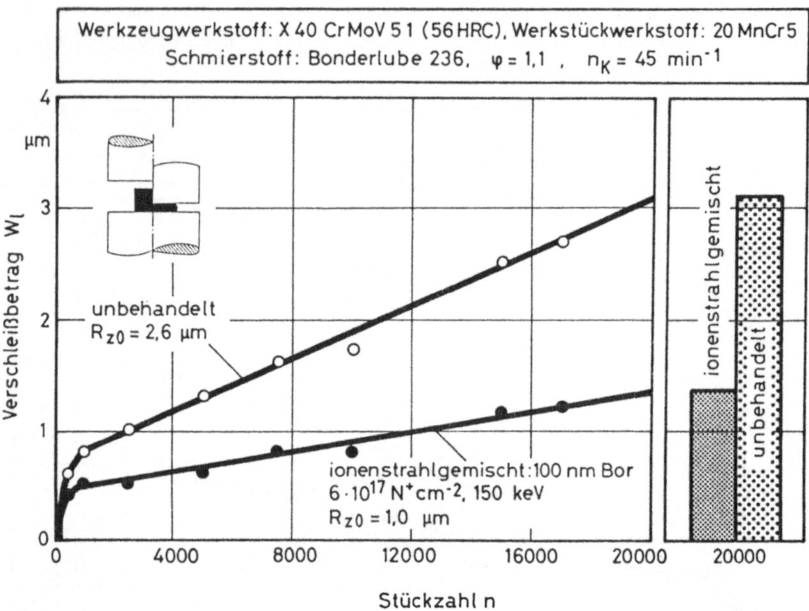

Bild 35: Verschleiß einer mit Bor bedampften und mit Stickstoffionen gemischten sowie einer unbehandelten Stauchbahn.

Bessere Ergebnisse liefert eine Ionenstrahlmischung von Borschichten mit Stickstoffionen, siehe Bild 35. Es liegt ebenfalls bis auf den Einlaufbereich ein linearer Verschleißverlauf vor, so daß bei einer derartigen Beanspruchung eine relativ genaue Verschleißvorhersage möglich ist. Das Verschleiß-Durchsatz-Verhältnis der gemischten Stauchbahn betrug hier 45 pm/Stck und das der nichtionenstrahlgemischten Stauchbahn 118 pm/Stck. Die relative Verschleißrate $W_r = 38\,\%$ deckt sich mit denen der optimal angelassenen stickstoffimplantierten bzw. borimplantierten Stauchbahnen (Bilder 25 und 31). Verglichen mit der relativen Verschleißrate der mit Argonionen gemischten Stauchbahn bedeutet dies eine Verbesserung um etwa 30 %. Es ist zu vermuten, daß neben der Durchmischung, wie sie auch von den Edelgasionen verursacht wird, einige Nitride in der Randzone entstanden sind, die diese Leistungssteigerung bewirken. Zieht man die Ergebnisse der angelassenen stickstoffionenimplantierten Stauchbahnen in Betracht, dann müßte noch eine deutliche Verbesserung der Verschleißbeständigkeit durch eine Anlaßbehandlung möglich sein.

Bild 36: Oberfläche einer ionenstrahlgemischten Stauchbahn (100 nm Bor / $6 \cdot 10^{17}$ N$^+$ cm^{-2}; 150 keV) nach 17 000 gefertigten Teilen.

Bild 36 zeigt die Stauchbahnoberfläche nach 17 000 gestauchten Teilen. Der Durchmesser beträgt 48 mm. Die gesamte Oberfläche wurde mit Bor bedampft. Die implantierte Oberfläche hat einen um etwa 10 mm geringeren Durchmesser, was an einem zum Außenrand konzentrischen Ring erkennbar ist. Einzelne Rohteile verrutschten nach dem Zuführen durch die automatische Zuführeinrichtung vor der Umformung auf der Stauchbahnoberfläche infolge ihrer nicht korrekten Ausgangsform, so daß sie nicht genau zentriert, sondern im Randbereich der Stauchbahn umgeformt wurden. Besonders im unteren Bildteil ist zu sehen, daß die ionenstrahlgemischte Schicht dem Verschleiß wesentlich besser standhält als die lediglich beschichtete Oberfläche.

7.2 Napf-Rückwärts-Fließpressen

Die dieser Arbeit zugrundeliegenden Standardversuche wurden mit dem Werkzeugwerkstoff S 6-5-2 und dem Seifenschmierstoff Bonderlube 236 bei einer Hubzahl von $n_K = 40$ min^{-1} durchgeführt. Die Fließpreßstempel waren am Fließbund mit einer durchschnittlichen gemittelten Rauhtiefe von $R_{zDIN} = 0{,}6\ \mu$m poliert.

Als Referenz wurden Vorversuche mit nichtimplantierten Stempeln aus dem gleichen Fertigungslos, aus dem auch die übrigen untersuchten Stempel stammten, durchgeführt.

Ein repräsentatives Ergebnis ist in den nachfolgend gezeigten Ergebnissen jeweils zum Vergleich mit dargestellt worden.

Bei früheren Versuchen mit ionenimplantierten Fließpreßstempeln [17] wurde mit einem Verhältnis von Napftiefe h_i zu Napfinnendurchmesser d_i von 1,5 gearbeitet. Hierbei war keine verschleißmindernde Wirkung der Ionenimplantation erkennbar. Wie sich bei weiteren Versuchen herausstellte, wurde bei diesen geometrischen Verhältnissen aber in einem Bereich gearbeitet, bei dem der verwendete Seifenschmierfilm riß, so daß es zu metallischem Kontakt zwischen Werkzeug und Werkstück kam. Ursache hierfür dürfte unter anderem die schlechte Wärmeabfuhr in einem schlanken und relativ langen Stempel sein: hierdurch erwärmt sich der Stempel so stark, daß der Seifenschmierstoff an der Kontaktfläche instabil wird. Die so erhaltenen Verschleißbeträge sind daher nicht repräsentativ für eine Fertigungsfolge unter intakten Schmierbedingungen in der Praxis. Erst als das Verhältnis $h_i/d_i = 1,0$ eingestellt wurde, stabilisierte sich die Schmierwirkung. Wird das Verhältnis h_i/d_i von 1,0 wieder auf 1,3 erhöht, so liegt der Verschleißbetrag nicht, wie zu erwarten, um 30 bis 50 %, sondern um 400 % höher. Deshalb wurde hier, wie auch in [17], grundsätzlich mit einem Verhältnis $h_i/d_i = 1,0$ gearbeitet.

7.2.1 Einfluß der Borimplantation

Bild 37 zeigt den Verschleißverlauf eines borionenimplantierten $(4 \cdot 10^{17} \, B^+ cm^{-2}$; 80 keV) und eines nichtimplantierten Fließpreßstempels. Bei diesen Parametern ist durch die Implantation von Bor keine Verschleißreduzierung zu erkennen. Die Verschleißrate des implantierten Stempels lag im Rahmen der Meßgenauigkeit im gleichen Bereich wie die Verschleißrate des nichtimplantierten Referenzstempels.

An Stauchbahnen aus Kaltarbeitsstahl X 155 CrVMo 12 1, die mit $6 \cdot 10^{17} \, B^+ cm^{-2}$ bei 150 keV implantiert wurden, konnte ebenfalls keine Verschleißreduzierung beobachtet werden, siehe Bild 27. Da die verschleißmindernde Wirkung von Borimplantationen stark dosisabhängig ist [196] und die vorliegende Dosis wahrscheinlich zur Bildung einer amorphen Oberflächenschicht geführt hat [95, 197], könnten Versuche mit niedrigeren Dosen zu besseren Ergebnissen führen. Entsprechend den Versuchen an angelassenen borionenimplantierten Stauchbahnen mit niedrigeren Dosen sind daher bei vergleichbaren angelassenen Fließpreßwerkzeugen weitere Verbesserungen zu erwarten.

7.2.2 Einfluß der Stickstoffimplantation

Da die Implantation mit Stickstoffionen bisher am häufigsten in der Praxis eingesetzt wird, und die Durchführung vergleichsweise einfach ist, wurden die meisten Versuche zum Napf-Rückwärts-Fließpressen mit stickstoffimplantierten Werkzeugen bzw. mit einer kombinierten Implantation mit Stickstoff und weiteren Elementen durchgeführt.

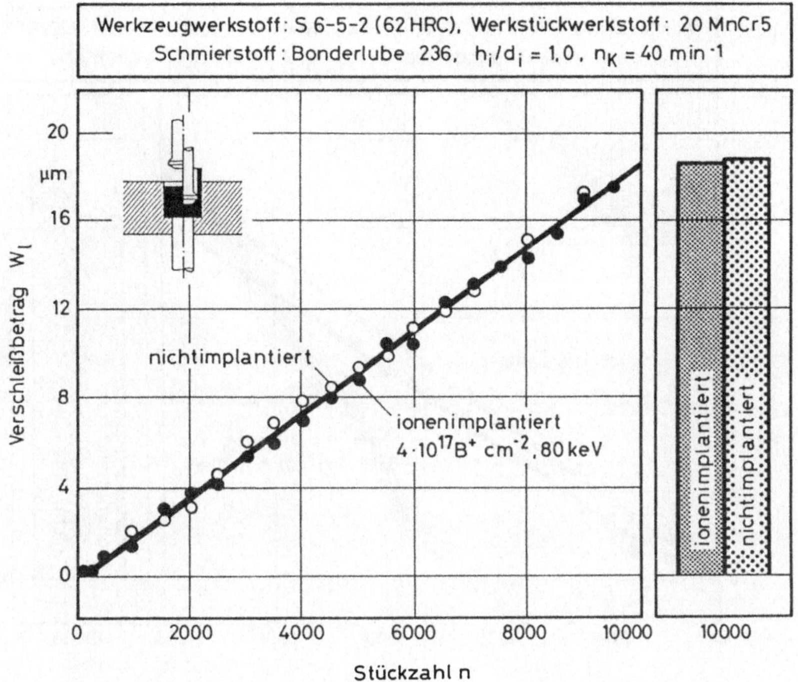

Bild 37: Verschleiß eines borionenimplantierten und eines nichtimplantierten Fließpreßstempels.

7.2.2.1 Stickstoffimplantation ohne Anlaßbehandlung

In Bild 38 ist der Verschleißverlauf eines stickstoffimplantierten und eines nichtimplantierten Fließpreßstempels wiedergegeben. Gegenüber früheren Ergebnissen, bei denen
die Verschleißreduzierung bei etwa 25 % lag [17], beträgt sie hier nur etwa 10 %. Dieser
Unterschied könnte auf die unterschiedliche Ionendosis und -energie (in [17]
$10^{18} N^+$ cm^{-2} ; 150 keV) sowie auf die Härte des Stempels (in [17] 64 HRC; hier 62 HRC)
zurückzuführen sein.

Im Gegensatz zu vielen Ergebnissen beim Stauchen zwischen ebenen Bahnen ließ sich
beim Napf-Rückwärts-Fließpressen kein signifikanter Einlaufbereich feststellen. Das Verschleiß-Durchsatz-Verhältnis des Referenzstempels betrug $W_{\ell/z} = 1,9$ nm/Stck, das des
stickstoffimplantierten Stempels $W_{\ell/z} = 1,7$ nm/Stck. Daraus ergibt sich eine relative Verschleißrate von $W_r = 92$ %.

Obwohl der lineare Verschleißbetrag des ionenimplantierten Stempels mit 16,5 µm nach
10 000 Näpfen wesentlich über der ursprünglichen Implantationstiefe von etwa 0,2 µm lag,

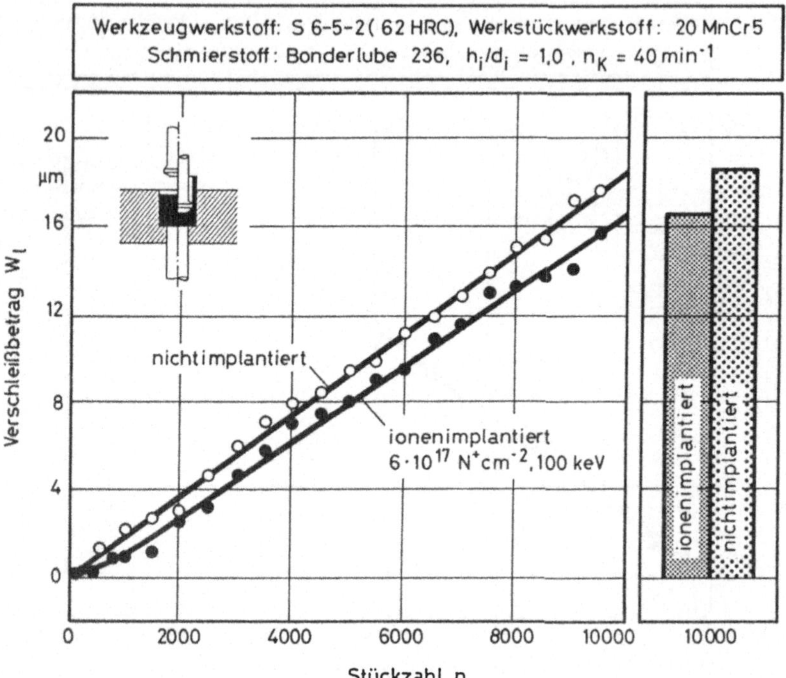

Bild 38: Verschleiß eines stickstoffionenimplantierten und eines nichtimplantierten Fließpreßstempels.

vgl. Bild 13, war keine progressive Zunahme des Verschleißverlaufs festzustellen. Dies
bestätigt das schon in Abschnitt 4.2.1.4 erwähnte Phänomen der über die ursprüngliche
Implantationstiefe hinausgehenden verschleißreduzierenden Wirkung der Ionenimplantation [159, 160]. Bei dem gewählten Versuchsumfang ließ sich diese Wirkung im Fall des
Napf-Rückwärts-Fließpressens um etwa zwei Größenordnungen tiefer nachweisen, als die
ursprüngliche Implantationstiefe war, beim Stauchen wegen des geringeren Verschleißes
um etwa eine Größenordnung.

7.2.2.2 Stickstoffimplantation mit Anlaßbehandlung

Über den positiven Einfluß einer nachträglichen Wärmebehandlung auf das tribologische
Verhalten von stickstoffimplantiertem Stahl, z. B. Bildung von α''-Phasen (Fe$_{16}$N$_2$), wurde
in der Literatur bereits berichtet [121], siehe auch Abschnitt 4.1.2.5. Daher sollte auch
beim Napf-Rückwärts-Fließpressen der Einfluß einer nachträglichen Wärmebehandlung
geklärt werden.

Bild 39 zeigt den Verschleißverlauf eines nichtimplantierten und eines stickstoffimplantierten Fließpreßstempels der für 2,5 Stunden bei 250 °C angelassen wurde. Es ergab sich eine drastische Verschleißreduzierung gegenüber dem nichtangelassenen Stempel (Bild 38), wodurch der positive Einfluß einer Wärmebehandlung nach einer Ionenimplantation bestätigt wird.

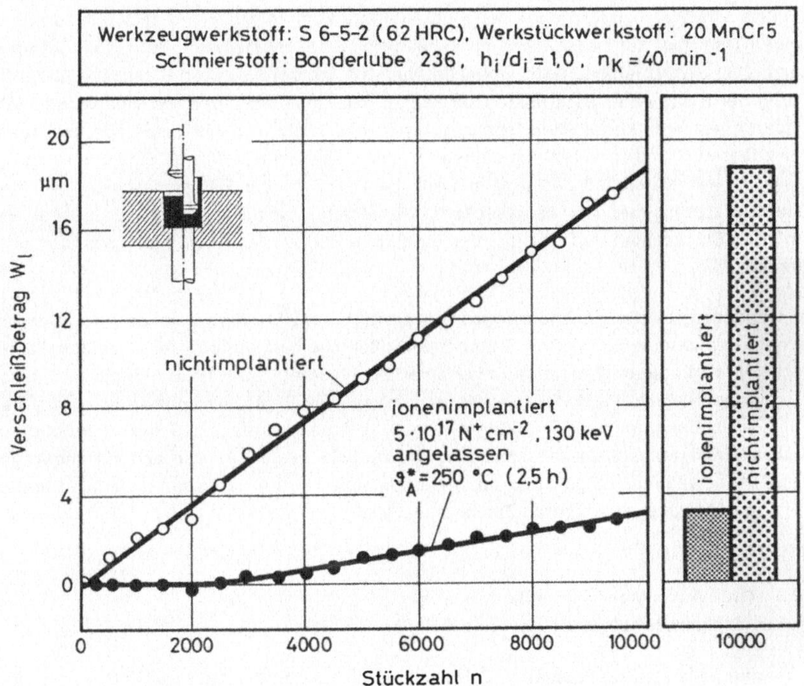

Bild 39: Verschleiß eines angelassenen stickstoffionenimplantierten und eines nichtimplantierten Fließpreßstempels.

Bis zu 2 500 gepreßten Teilen ist praktisch kein Verschleiß meßbar. Bei $n = 2\,500$ beträgt der lineare Verschleiß $W_\ell = 0,1$ µm, er entspricht also etwa der halben Eindringtiefe der implantierten Ionen im Maximum des Tiefenprofils (siehe Bild 14). Durch die Anlaßbehandlung ist die ionenimplantierte Randzone infolge Ausheilung von Strahlenschäden und Phasenbildung bzw. -umwandlung (vgl. Abschnitt 4.1.2.5) offenbar extrem widerstandsfähig geworden. Nach Abtragen dieser Schicht, die unmittelbar nach der Implantation und Anlaßbehandlung entstanden ist, birgt eine ionenimplantierte Randzone nach wie vor ein sehr großes Potential zum Verschleißschutz, wie die Ergebnisse zeigen. Die hierzu ablaufenden Mechanismen wurden im Kapitel 4 beschrieben.

Die Verschleißrate des stickstoffimplantierten und angelassenen Stempels betrug bis zu 2 500 gefertigten Teilen nur $W_{\ell/z} = 40$ pm/Stck, für $n > 2\,500$ war $W_{\ell/z} = 0,4$ nm/Stck; die relative Verschleißrate gegenüber dem Referenzwerkzeug betrug $W_r = 22\,\%$.

In einer früheren Untersuchung [17] wurden verschiedene Beschichtungen auf ihre Verschleißschutzwirkung untersucht. Gasnitrierte Stempel zeigten etwa die gleiche Verschleißminderung wie stickstoffimplantierte und angelassene Werkzeuge. Bei allen gasnitrierten Stempeln traten aber bei Stückzahlen zwischen 1 200 und 12 500 rundumlaufende Risse quer zur Längsachse im Schaftbereich der Stempel auf. Bei einem Stempel, der bis $n = 12\,500$ einsatzfähig war, bildeten sich mehrere solcher Risse. Die Untersuchung der Risse unter dem Mikroskop zeigte, daß die Risse durch die Diffusionsschicht hindurch nur noch kurz in den Grundwerkstoff eindringen und durch den dort vorliegenden zäheren Grundwerkstoff aufgefangen werden. Die Ursache für die Entstehung dieser Risse ist wahrscheinlich das unterschiedliche Verhalten der Diffusionsschicht und des Grundwerkstoffes bei der hauptsächlich wirkenden Druck-Schwellbeanspruchung. Bei größeren Stückzahlen dürften die Risse durch ihre Kerbwirkung zum Bruch des Stempels führen.

Im Gegensatz zu diesen Erfahrungen mit nitrierten Werkzeugen kam es hier aber bei keinem der ionenimplantierten Stempel zu Rißerscheinungen, obwohl in beiden Fällen Stickstoff als Legierungselement in der Oberfläche vorliegt. Der Grund hierfür ist die relativ dünne implantierte Randzone, die gegenüber dem Restquerschnitt kaum innere Belastungen aufnehmen muß. Außerdem muß vermutet werden, daß der ungebundene Stickstoff auf wechselnde mechanische Beanspruchung durch entsprechend angeregte Diffusionsbewegung reagiert und so der ionenimplantierten Randzone trotz ihrer hohen Härte zu einer ausgezeichneten Zähigkeit verhilft.

7.2.3 Einfluß von Mehrfachimplantationen
7.2.3.1 Mehrfachimplantationen ohne Anlaßbehandlung

In einigen Fällen wurde nach einer Stickstoffimplantation mit Metallionen implantiert. Bild 40 zeigt das Ergebnis eines mit Stickstoff- und Silberionen bestrahlten Stempels. Bis zu 2 500 gefertigten Teilen betrug die verschleißmindernde Wirkung der Ionenimplantation über 90 %. Das Verschleiß-Durchsatz-Verhältnis betrug bis zu dieser Stückzahl nur 120 pm/Stck, die relative Verschleißrate gegenüber dem Referenzwerkzeug 6,4 %. Bei dieser Stückzahl betrug der lineare Verschleißbetrag W_ℓ etwa 0,3 μm, d. h. er entsprach etwa in der Tiefe der gesamten Ausdehnung des Stickstofftiefenprofils.

Zwischen 2 500 und 3 500 gepreßten Teilen nimmt die Verschleißkurve progressiv zu, um für $n > 3\,500$ mit einem Verschleiß-Durchsatz-Verhältnis von $W_{\ell/z} = 1,8$ nm/Stck linear anzusteigen. Die relative Verschleißrate in diesem Bereich ist $W_r = 95\,\%$

Das Werkzeug war nicht angelassen, trotzdem war die Verschleißrate in der Anfangsphase äußerst niedrig. Die anfänglich starke verschleißmindernde Wirkung ist also offenbar auf die Metallimplantation zurückzuführen. Nach etwa 3 500 gepreßten Teilen bewegte

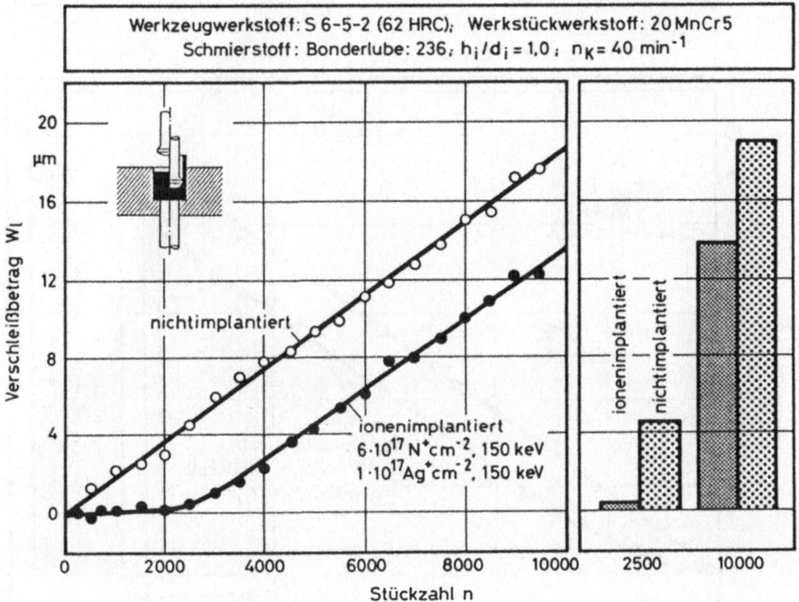

Bild 40: Verschleiß eines stickstoff- und silberionenimplantierten sowie eines nicht-implantierten Fließpreßstempels.

sich das Verschleiß-Durchsatz-Verhältnis zwischen demjenigen des einfach stickstoffimplantierten und des nichtimplantierten Werkzeugs.

Bild 41 zeigt ein ähnliches Ergebnis für eine Implantationswirkung von Stickstoff und Zinn. Bis zu 800 gefertigten Teilen bleibt der Verschleiß sehr gering. Hier betrug das Verschleiß-Durchsatz-Verhältnis $W_{l/z} = 230\ pm/Stck$, d. h. die relative Verschleißrate machte 12 % aus. Bei $n = 800$ belief sich der lineare Verschleißbetrag auf $W_l = 0{,}2\ \mu m$, was wiederum etwa der Breite des nichtangelassenen Stickstofftiefenprofils entspricht.

Bis zu 3 000 gefertigten Teilen zeigt die Verschleißkurve einen progressiven Verlauf. Für $n > 3\ 000$ gleicht sie derjenigen des stickstoff- und silberionenimplantierten Stempels.

Die Ergebnisse zeigen, daß auch mit nichtangelassenen Werkzeugen im Bereich geringer bis mittlerer Werkzeugbelastung die Ionenimplantation zu exzellenten Ergebnissen führen kann, während sie bei höheren Werkzeugbelastungen nur die verschleißmindernde Wirkung nitrierter Werkzeuge erreicht.

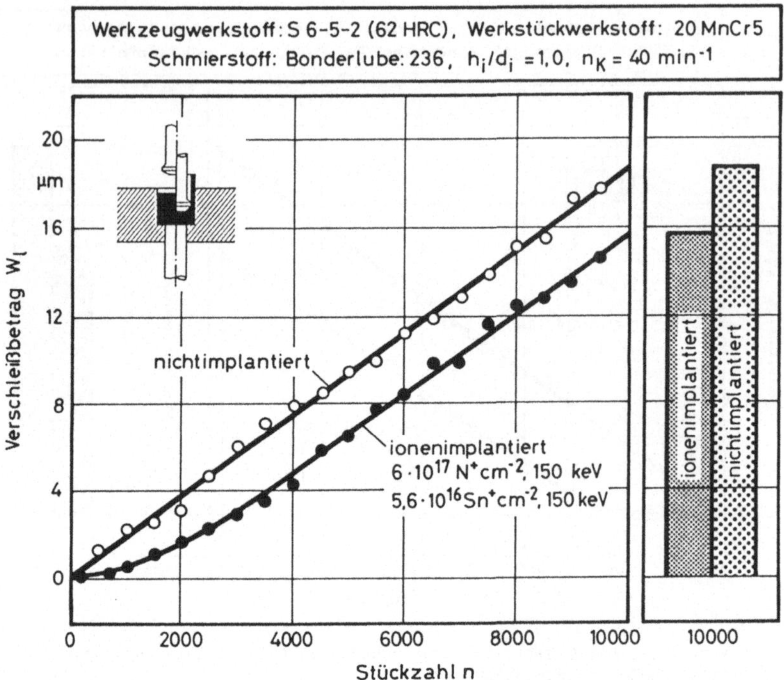

Bild 41: Verschleiß eines stickstoff- und zinnionenimplantierten sowie eines nichtimplantierten Fließpreßstempels.

7.2.3.2 Mehrfachimplantationen mit Anlaßbehandlung

Zu Parallelversuchen wurden zwei Fließpreßstempel, die mit annähernd den gleichen Dosen implantiert wurden, für Messungen nach dem Dünnschichtdifferenzverfahren aktiviert. Es wurde jeweils viermal für zwei Stunden bestrahlt. Die Werkzeuge zeigten Anlaßfarben, die etwa 230 °C entsprechen. Eines der Ergebnisse der Verschleißversuche mit diesen Werkzeugen, die allerdings konventionell, d. h. ohne radioaktive Meßverfahren, ermittelt wurden, zeigt Bild 42.

Die Verschleißkurve des angelassenen stickstoff- und silberionenimplantierten Stempels ähnelt sehr der Kurve des angelassenen stickstoffimplantierten Stempels. Bis zu 4 000 gepreßten Näpfen betrug das Verschleiß-Durchsatz-Verhältnis $W_{\ell/z}$ = 90 pm/Stck, was einer relativen Verschleißrate von 5 % entspricht. Der absolute lineare Verschleißbetrag bei $n = 4\,000$ betrug W_ℓ = 0,35 µm. Bis zu 10 000 gepreßten Teilen nahm der Verschleiß linear mit einer Rate von $W_{\ell/z}$ = 120 pm/Stck zu. Die relative Verschleißrate hierzu war

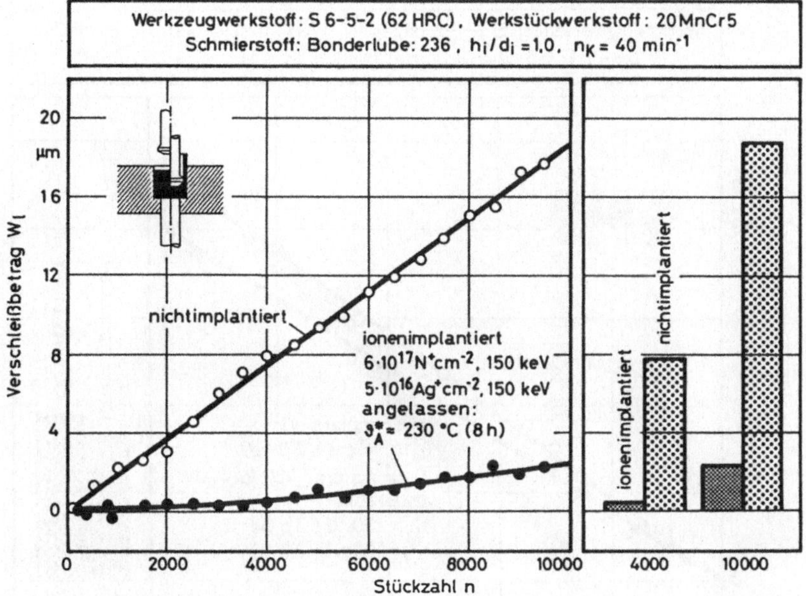

Bild 42: Verschleiß eines angelassenen stickstoff- und silberionenimplantierten sowie eines nichtimplantierten Fließpreßstempels.

mit 17 % etwas niedriger als diejenige des lediglich mit Stickstoff implantierten und anschließend angelassenen Stempels.

Ähnlich wie bei der Untersuchung angelassener Stauchbahnen sollte auch bei Fließpreßstempeln der Temperatureinfluß bei der Anlaßbehandlung untersucht werden. Bild 43 zeigt das Ergebnis für einen Stempel, der im Anschluß an eine Anlaßbehandlung bei 250 °C nochmals bei 300 °C angelassen wurde. Da bei etwa 4 000 gefertigten Teilen ein Stempelbruch erfolgte, konnte keine vollständige Auswertung vorgenommen werden.

Wie bei den Ergebnissen der Stauchversuche zeigt sich auch hier, daß 300 °C als Anlaßtemperatur für stickstoffimplantierte Werkzeugstähle eindeutig zu hoch liegt. Das Verschleiß-Durchsatz-Verhältnis des angelassenen Stempels betrug $W_{\ell/z} = 1,6$ nm/Stck. Die entsprechende relative Verschleißrate betrug $W_r = 84\,\%$. Die erzielte Verschleißminderung war also nur geringfügig günstiger als durch Ionenimplantation ohne anschließende Anlaßbehandlung.

Bei einem stickstoff- und zinnionenimplantierten Fließpreßstempel wirkte sich eine Anlaßbehandlung bei etwa 230 °C noch günstiger aus als bei dem stickstoff-/silberimplantierten und angelassenen Werkzeug, siehe Bild 44. Das Verschleiß-Durchsatz-Verhältnis

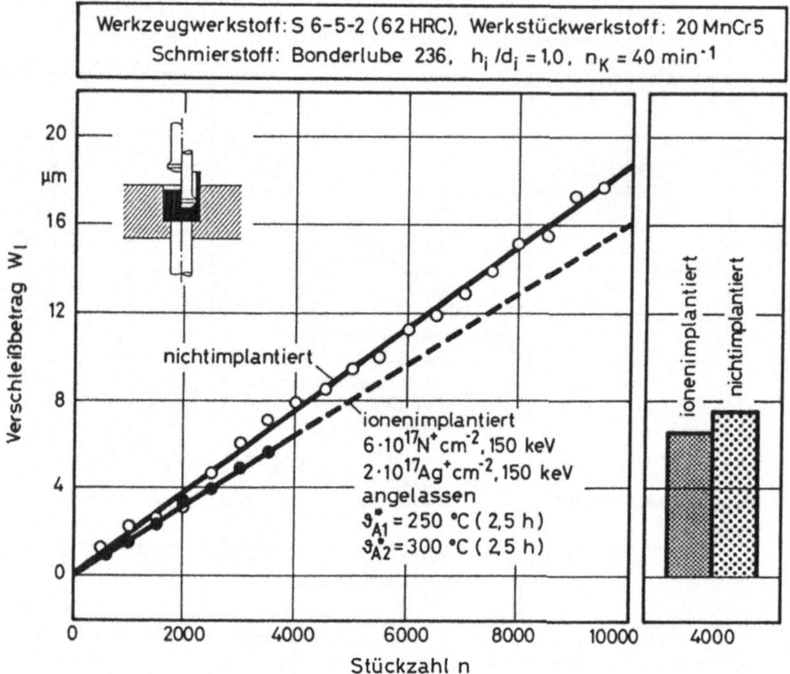

Bild 43: Verschleiß eines angelassenen stickstoff- und silberionenimplantierten sowie eines nichtimplantierten Fließpreßstempels.

wurde auf $W_{l/z} = 180$ pm/Stck gesenkt, was einer relativen Verschleißrate gegenüber dem Referenzwerkzeug von $W_r = 10$ % entspricht.

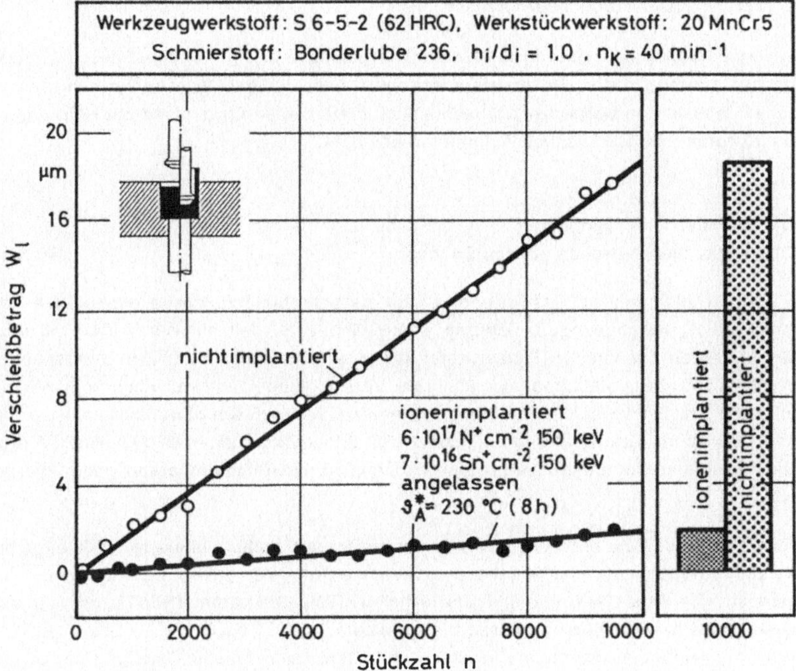

Bild 44: Verschleiß eines angelassenen stickstoff- und zinnionenimplantierten sowie eines nichtimplantierten Fließpreßstempels.

8 Diskussion

8.1 Vergleich der Versuchsergebnisse

Die vergleichende Auswertung der Versuchsergebnisse erfolgt zunächst durch Auswertung der durchgeführten Geometriemessungen. Anschließend werden Ergebnisse von Rauheitsmessungen betrachtet und schließlich die erzielten Ergebnisse mit Hilfe von rasterelektronenmikroskopischen Aufnahmen bewertet.

8.1.1 Geometriemessungen

8.1.1.1 Stauchen zwischen ebenen Bahnen

Bei allen vergleichenden Auswertungen wird als Verschleißmeßgröße die relative Verschleißrate W_r herangezogen. Dadurch ist gewährleistet, daß nur der Verschleiß nach Abschluß eines eventuellen Einlaufverschleißes berücksichtigt wird. Zur Untersuchung des Einflusses der Anlaßbehandlung auf die Verschleißbeständigkeit ionenimplantierter Werkzeuge wurden verschiedene Stauchbahnen nichtangelassen bzw. nach Anlassen bei unterschiedlichen Temperaturen eingesetzt, vgl. Bilder 23 bis 26. In Bild 45 sind die relativen Verschleißraten dieser Werkzeuge als Funktion der Anlaßtemperatur gegenübergestellt.

Es ist deutlich, daß die optimale Anlaßtemperatur für stickstoffimplantierte Werkzeuge bei etwa 250 °C liegen muß. Hierfür scheint es mehrere Gründe zu geben. Betrachtet man das entsprechende Dosis-Temperatur-Transformations(DTT)-Diagramm (Bild 7), so fällt auf, daß man sich bei Anlaßtemperaturen bis zu maximal 250 °C bei $6 \cdot 10^{17}\,N^+cm^{-2}$ in Phasengebieten befindet, die noch α''-Phasen enthalten. Nach Anlaßbehandlung bei 300 °C und derselben Dosis befindet man sich bereits im Phasengebiet $\gamma + \gamma' + \varepsilon$, α''-$Fe_{16}N_2$ ist offenbar vollständig umgewandelt. Dies zeigt, daß von den möglichen Fe-N-Phasen α''-$Fe_{16}N_2$ am besten zum Verschleißschutz geeignet ist.

Betrachtet man das Stickstofftiefenprofil des mit 300 °C angelassenen Werkzeugs (Bild 16), so fällt auf, daß speziell bei dieser Temperatur die Mobilität des Stickstoffs im Stahl so groß ist, daß schon erhebliche Mengen in den Grundwerkstoff wegdiffundiert sind.

Bild 46 zeigt die relativen Verschleißraten von borionenimplantierten Stauchbahnen in Abhängigkeit der Anlaßtemperatur. Die Verschleißkurven der entsprechenden Stauchbahnen sind in den Bildern 27 bis 31 wiedergegeben. Wie erwähnt, gibt es in der Literatur Hinweise darauf, daß nach Implantation von Bor in Stähle amorphe Strukturen erzeugt werden [113], vgl. Bild 6. Diese können im allgemeinen nicht durch Änderung der Dosis, sondern nur durch eine nachfolgende Anlaßbehandlung in kristalline Strukturen übergeführt werden. Ohne Anlaßbehandlung wird mit steigender Dosis die Wahrscheinlichkeit des Entstehens einer amorphen Randzone lediglich noch erhöht.

Abgesehen von der nichtangelassenen Stauchbahn, die mit $6 \cdot 10^{17}\,B^+cm^{-2}$ implantiert wurde, wurden alle weiteren im Bild dargestellten Stauchbahnen nur mit $1 \cdot 10^{17}\,B^+cm^{-2}$ bestrahlt, weil wegen der aufgeführten Gründe eine weitere Steigerung

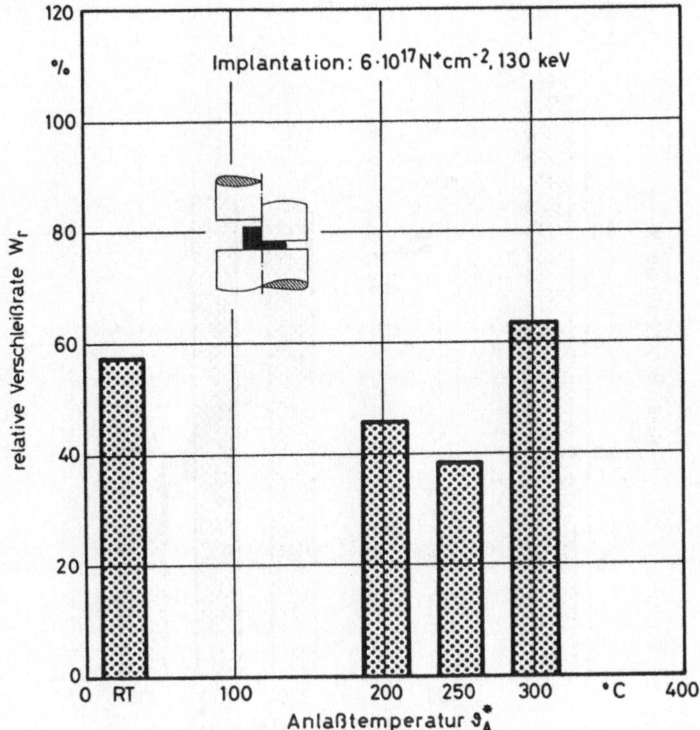

Bild 45: Relative Verschleißrate stickstoffimplantierter Stauchbahnen in Abhängigkeit von der Anlaßtemperatur.

der Implantationsdosis keine weitere Zunahme der Verschleißbeständigkeit vermuten ließ. In Bild 46 ist deutlich zu sehen, daß erst bei der Anlaßtemperatur von 300 °C eine signifikante Verschleißminderung eintritt. Bei den übrigen Temperaturen könnte die Verschleißminderung gegenüber der nichtangelassenen Stauchbahn auch auf die herabgesenkte Implantationsdosis zurückzuführen sein.

Aus Bild 47 geht hervor, daß ohne Anlaßbehandlung alle relevanten Implantationsdosen nur zu amorphen Phasen führen können. Lediglich die bei 300 °C angelassenen Werkzeuge zeigten eine deutliche Verschleißminderung. Nach Bild 47 befindet man sich nach Implantation von $1 \cdot 10^{17} B^+ cm^{-2}$ und Anlassen bei 300 °C noch im amorphen Gebiet. Allerdings beziehen sich die Untersuchungen zur Phasenbildung auf Reineisen, während im vorliegenden Fall in Werkzeugstahl implantiert wurde. Entsprechend den konzentrationsabhängigen Grenzen in Gleichgewichtszustandsdiagrammen müssen sich auch die Phasengrenzen in den DTT-Diagrammen ändern.

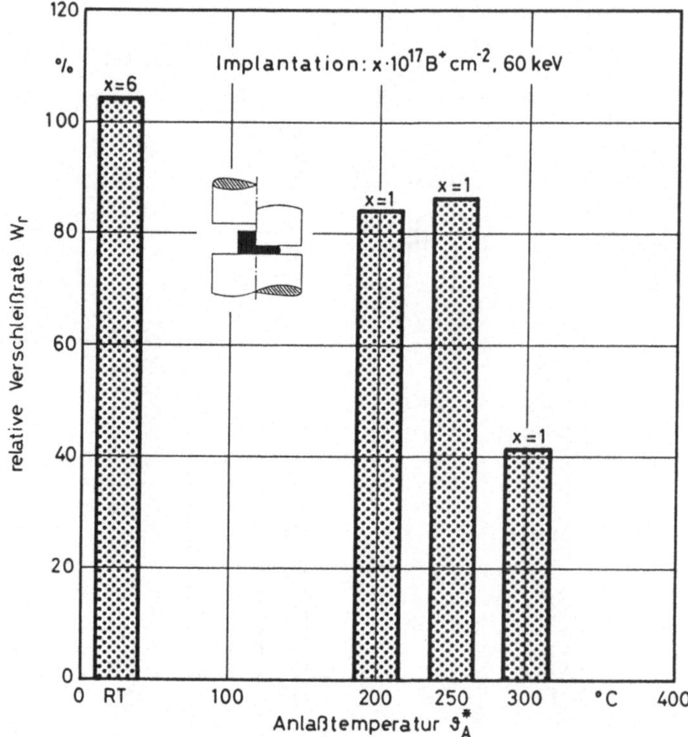

Bild 46: Relative Verschleißrate borionenimplantierter Stauchbahnen in Abhängigkeit von der Anlaßtemperatur.

Gegenüber dem Reineisen sinken beim Stahl offenbar die Phasengrenzen vom amorphen Zustand zu den Phasengebieten der kristallinen Phasen zu niedrigeren Temperaturen ab. Dies konnte durch Mößbauer-Untersuchungen von *Hans* bestätigt werden [198]. Hierbei wurden Proben des untersuchten Werkzeugwerkstoffs S 6-5-2 mit $5 \cdot 10^{17} B^+ cm^{-2}$ implantiert und bei 300 bzw. 400 °C für je 3 Stunden angelassen. Die Linienverschmälerung der CEM-Spektren zeigt fast völlige Übereinstimmung mit den Spektren des kristallinen Fe_2B. Fe_3B wurde nicht nachgewiesen.

Demnach scheint die Kristallisation des borimplantierten Schnellarbeitsstahls analog zu den Vorgängen in amorphen Fe-B-Phasen abzulaufen. Nach [198] läßt das Hyperfeinfeld und die verbleibende Linienbreite des Kristallisationsproduktes auf die Bildung von Fe_2B-analogen $(Fe,Me)_2B$-Phasen schließen. Das Vorliegen dieser Phasen nach Anlaß-behandlungen bei 300 °C übt einen entscheidenden Einfluß auf die Verbesserung der Verschleißbeständigkeit der Werkzeugoberfläche aus (vgl. Bild 31).

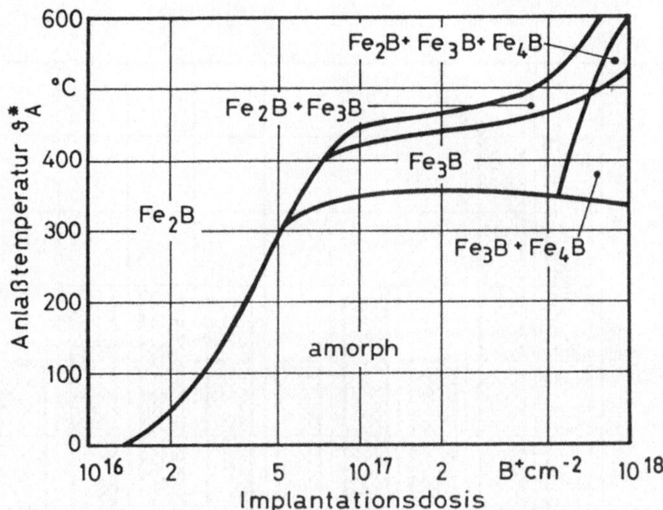

Bild 47: DTT-Diagramm nach Ionenimplantation von Bor in Eisen. Nach [116].

In Bild 48 sind die markanten Ergebnisse der Verschleißversuche mit ihrer relativen Verschleißrate gegenübergestellt. Nach Ionenimplantation bei Raumtemperatur bewirkt eine Borimplantation keine Verschleißminderung, während eine Stickstoffimplantation bereits eine Verminderung des Verschleißes um knapp 50 % verursacht. Nach Anlaßbehandlung bei jeweils optimierter Anlaßtemperatur konnte die Verschleißminderung bei stickstoff- bzw. borimplantierten Stauchbahnen auf etwa 40 % des Verschleißes von nichtimplantierten Werkzeugen reduziert werden.

Bei Mehrfachimplantationen von titan- und kohlenstoff- bzw. stickstoffimplantierten Werkzeugen konnte gegenüber nur stickstoffimplantierten Stauchbahnen kein nennenswerter Vorsprung erreicht werden. Angelassene stickstoff- bzw. borimplantierte Werkzeuge erzielten sogar eine größere Verschleißreduzierung; eine Klärung des Anlaßverhaltens von diesen mehrfachimplantierten Werkzeugen könnte allerdings noch zu interessanten Ergebnissen führen. Bei ionenstrahlgemischten Werkzeugen erzeugt man ohne Anlaßbehandlung verschleißbeständige Randzonen, die in der Verschleißminderung der Wirkung angelassener implantierter Werkzeuge entsprechen. Dies könnte für besonders wärmeempfindliche Werkzeuge die interessanteste Variante der Ionenstrahltechniken zum Verschleißschutz darstellen.

Die Ergebnisse der Verschleißversuche an ionenstrahlbehandelten Stauchbahnen können gut mit Ergebnissen von *Westheide* verglichen werden, der Versuche an beschichteten Werkzeugen unter gleichen Bedingungen durchführte [17]. In Bild 49 sind die Werte gegenübergestellt. Als Vergleichsgrundlage wurde wieder die relative Verschleißrate W_r

Werkstückwerkstoff: 20 MnCr 5   Schmierstoff: Bonderlube 236 $\varphi = 1{,}1$ $n_K = 45$ min^{-1}

Werkzeug-werkstoff	Härte (HRC)	ϑ_A [°C]	Mixing	Implantation Energie [keV]	Implantation Dosis [10^{17} cm^{-2}]	Ionen	relative Verschleißrate W_r
			Referenzwerkzeug				
X 155 CrVMo 12 1	60	–	–	150	6	B$^+$	
S 6-5-2	58	300	–	60	1	B$^+$	
X 155 CrVMo 12 1	61	–	–	150	6	N$^+$	
X 155 CrVMo 12 1	62	250	–	130	6	N$^+$	
S 6-5-2	63	–	–	120/30	0,5/0,5	Ti$^+$/C$^+$	
S 6-5-2	63	–	–	120/60+25	0,5/ 2·0,5	Ti$^+$/N$^+$	
X 40 CrMoV 5 1	50	–	100 nm Bor	360	0,5	Ar$^+$	
X 40 CrMoV 5 1	56	–	100 nm Bor	150	6	N$^+$	

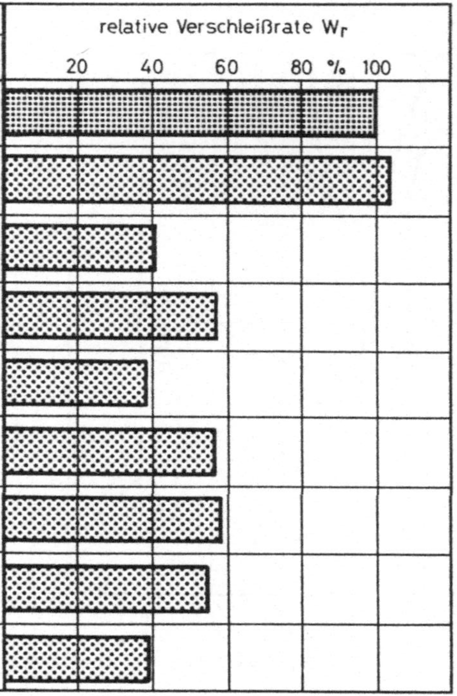

Bild 48: Vergleich der Verschleißminderung der untersuchten Ionenstrahlbehandlungen beim Stauchen zwischen ebenen Bahnen.

Werkstückwerkstoff: 20 MnCr 5   Schmierstoff: Bonderlube 236 $\varphi = 1.1$ $n_K = 45\ min^{-1}$

Werkzeug-werkstoff	Härte (HRC)	Behandlung	Parameter	relative Verschleißrate W_r
		Referenzwerkzeug		
S 6-5-2	64	nitrocarboriert	Salzbad, 570 °C (15 min)	
X 155 CrVMo 12 1	60	nitrocarboriert	Salzbad, 570 °C (15 min)	
X 155 CrVMo 12 1	60	nitriert	Gas, 500 °C (40 h)	
X 155 CrVMo 121	60	nitriert	Plasma, 510 °C (20 h)	
X 40 CrMoV 51	56	ionenstrahlgemischt	100 nm Bor / $6 \cdot 10^{17}\ N^+ cm^{-2}$, 150 keV	
X 155 CrVMo121	62	ionenimplantiert und angelassen	$6 \cdot 10^{17}\ N^+ cm^{-2}$, 130 keV; $\vartheta_A^* = 250\,°C$	
X 155 CrVMo 121	60	hartverchromt	10 µm	
X 155 CrVMo 121	60	W_2C	CVD-Verfahren, 3 µm auf 2 µm Ni	
X 155 CrVMo 121	60	TiC	CVD-Verfahren, 8 µm	
S 6-5-2	63	TiC	CVD-Verfahren, 5 µm	

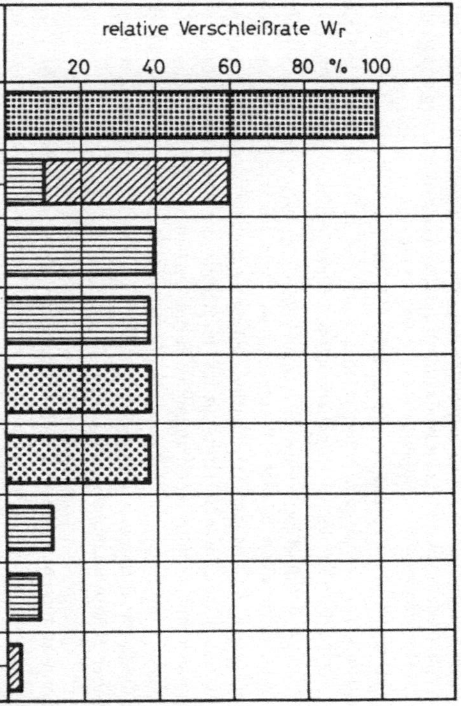

Legend: Referenzwerkzeug · Minimalwert · Streubereich · eigene Ergebnisse

Bild 49: Vergleich der Verschleißminderung verschiedener Beschichtungen (nach [17]) und Ionenstrahlbehandlungen beim Stauchen zwischen ebenen Bahnen.

gewählt, die als Quotient aus dem Verschleiß-Durchsatz-Verhältnis des implantierten bzw. beschichteten Werkzeugs und des jeweils unbehandelten Gegenwerkzeugs gebildet wird.

Die nitrocarburierten Stauchbahnen zeigten in [17] unterschiedliche Ergebnisse. Die Bandbreite der Verschleißreduzierung reichte von einer relativen Verschleißrate von 9 % bis zu 60 %. Der Streubereich der Ergebnisse ist hier und in folgenden Bildern durch eine diagonale Schraffur angedeutet. Die ionenstrahlbehandelten Werkzeuge aus eigenen Untersuchungen erzielten ähnliche Ergebnisse wie nach verschiedenen Verfahren nitrierte Werkzeuge. Zu erwähnen ist hierbei, daß im Gegensatz zu den relativ hohen benötigten Temperaturen beim Nitrieren, die ggf. im Bereich der Anlaßtemperaturen einiger Stähle liegen können, beim Ionenimplantieren gut gekühlt werden kann und auch die Anlaßtemperatur etwa nur halb so hoch wie die Behandlungstemperatur bei den Nitrierverfahren liegt. Die vorliegenden Ergebnisse mit den ionenstrahlgemischten Werkzeugen wurden sogar ohne Anlaßbehandlung erzielt.

Lediglich mit hartverchromten und CVD-behandelten Werkzeugen wurden im Vergleich zu ionenstrahlbehandelten Stauchbahnen bessere Ergebnisse beobachtet. Mit hartverchromten Werkzeugen konnte eine relative Verschleißrate von 12 % erzielt werden. Wegen der bei Hartchromschichten üblichen hohen Zugeigenspannungen platzt aber die Schicht an stark beanspruchten Stellen bei den ersten Maschinenhüben oft weg [17]. Durch nachträgliche Ionenimplantation von Hartchromschichten kann jedoch ein Eigenspannungszustand hergestellt werden, der auch Druckspannungen an der Oberfläche zuläßt. Dies läßt sich dadurch nachweisen, daß bei der Mikrohärtemessung an ionenimplantierten Hartchromschichten von den Ecken der Pyramideneindrücke der Vickers- bzw. Knoopprüfkörper keine Oberflächenrisse ausgehen, während bei nichtimplantierten Chromschichten diese Risse – bei einer Diagonalen des Härteeindrucks von 4 bis 6 μm – in Verlängerung dieser Diagonalen etwa 2 mm lang in die Oberfläche hinein verlaufen [199].

Die besten Ergebnisse wurden mit CVD-Beschichtungen erzielt. Diese Verfahren benötigen allerdings Temperaturen, die in der Regel über der Anlaßtemperatur der Werkzeuge liegen, so daß teilweise in Verbindung mit der Beschichtung auch gehärtet werden muß. In [17] wurde mit W_2C-beschichteten Werkzeugen ein relativer Verschleißbetrag von 8 % und mit TiC-beschichteten Werkzeugen von nur 3 % erreicht.

In dieser Untersuchung wurden zum Vergleich nach dem CVD-Verfahren TiC-beschichtete Stauchbahnen eingesetzt. Selbst nach 40 000 gefertigten Teilen war noch kein Verschleiß feststellbar. Um ein solches Ergebnis gewährleisten zu können, ist ein hoher Kenntnisstand von der Mikrostruktur der Werkzeugoberfläche unter Berücksichtigung ihrer vorgesehenen Beanspruchungsrichtung, des Gefüges direkt unter der Oberfläche und des Gesamtwerkzeugs bei Berücksichtigung wärmebehandlungsbedingter Geometrie- und Gefügeveränderungen notwendig [200].

Im Gegensatz zu allen anderen Verfahren erfordern die Ionenstrahltechniken keinerlei Nachbehandlung; in vielen Fällen muß sonst mit teilweise erheblichem Aufwand die Oberfläche geläppt oder poliert werden. Auf Einschränkungen bzgl. der Behandlungstemperatur muß ebenfalls nicht geachtet werden. Daher bieten sich die Ionenstrahl-techniken an, ergänzend zu bestehenden Oberflächentechniken die Anwendungsmöglichkeit von Oberflächenbehandlungsverfahren auf bisher nicht erschlossene Bereiche auszudehnen.

8.1.1.2 Napf-Rückwärts-Fließpressen

Beim Napf-Rückwärts-Fließpressen wurden bor-, stickstoff- und stickstoff-/metallimplantierte Werkzeuge auf ihr Verschleißverhalten untersucht. In fast allen Fällen wurde auch der Einfluß einer Anlaßbehandlung berücksichtigt. Einige Werkzeuge zeigten keine lineare Verschleißkurve, sondern wiesen bei bestimmten Stückzahlen eine markante Änderung in der Verschleißrate auf. Deshalb werden zur vergleichenden Auswertung zunächst jeweils die Ergebnisse der nichtangelassenen bzw. der angelassenen Fließpreßstempel verglichen.

Weil die Versuche im allgemeinen nur bis zu 10 000 gefertigten Teilen gefahren wurden, werden die Verschleißraten bei 10 000 gefertigten Teilen verglichen. Wegen der deutlich sichtbaren Veränderungen einiger Verschleißraten sollen die Verschleißraten bis zu den maximal gefertigten Stückzahlen mit der jeweiligen niedrigen Verschleißrate verglichen und ebenfalls wegen der anfangs reduzierten Rate der absolute Verschleiß nach 10 000 Teilen verglichen werden. Abschließend werden die optimalen Ergebnisse von Versuchen mit beschichteten Werkzeugen bei annähernd gleicher Geometrie verglichen.

Im Bild 50 ist das Verschleiß-Durchsatz-Verhältnis der untersuchten nichtangelassenen Fließpreßstempel (vgl. Bilder 37, 38, 40 und 41) nach 10 000 gefertigten Teilen gegenübergestellt. Die Verschleißrate ist, verglichen mit ähnlichen Implantationen beim Stauchen zwischen ebenen Bahnen, nur wenig reduziert. Selbst hier ist aber noch ein Unterschied zwischen Bor- und Stickstoffimplantation erkennbar. Verglichen mit Beschichtungsverfahren und insbesondere unter Berücksichtigung des benötigten Aufwandes für die Ionenimplantation ist es offensichtlich, daß für die hohe Werkzeugbelastung beim Napf-Rückwärts-Fließpressen die nichtangelassene implantierte Randzone für Langzeitbeanspruchung wenig geeignet erscheint.

Viele Ergebnisse der nichtangelassenen Werkzeuge zeigen bis zu einer bestimmten Stückzahl eine deutlich reduzierte Verschleißrate. Die DIN 50 321 bezeichnet als verschleißbedingte Durchsatzmenge D_W das Volumen, die Masse oder die Anzahl der Körper, durch die ein Bauteil oder Tribosystem durch Verschleiß seine Funktionsfähigkeit verändert bzw. verliert [192]. Bei Erreichen der verschleißbedingten Durchsatzmenge D_W änderte sich die Verschleißrate progressiv, siehe z. B. Bilder 39 und 40.

Bild 51 zeigt das Verschleiß-Durchsatz-Verhältnis der nichtangelassenen Fließpreßstempel (vgl. Bilder 38, 40 und 41) bis zum Erreichen der jeweiligen verschleißbedingten Durchsatzmenge. Hiermit wird deutlich, bis zu welchen Standmengen auch bei hochbelasteten Umformwerkzeugen selbst nichtangelassene ionenimplantierte Randzonen eine deutliche Verschleißminderung erzielen können.

Werkzeugwerkstoff: S 6-5-2 (62 HRC), Werkstückwerkstoff: 20 MnCr5 Schmierstoff: Bonderlube 236, $h_i/d_i = 1{,}0$, $n_K = 40\ \text{min}^{-1}$, Stückzahl n = 10000

ϑ_A^* [°C]	Implantation: Energie [keV]	Implantation: Dosis [$10^{17}\,\text{cm}^{-2}$]	Implantation: Ionen
	Referenzwerkzeug		
-	80	4	B^+
-	100	6	N^+
-	150/150	6/1	N^+/Ag^+
-	150/150	6/0,56	N^+/Sn^+

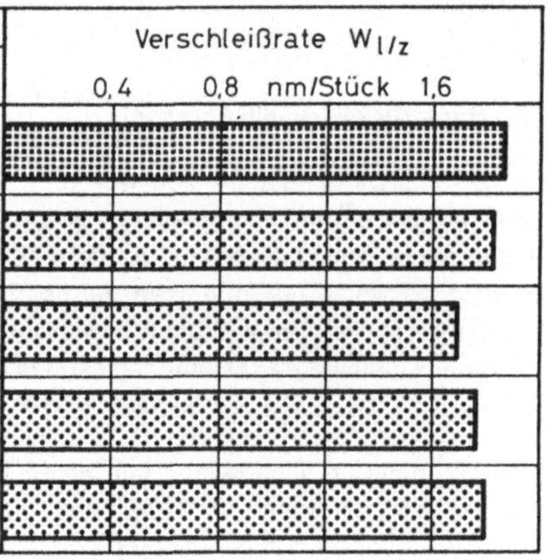
Verschleißrate $W_{l/z}$
0,4
0,8
nm/Stück
1,6

Bild 50: Vergleich des Verschleiß-Durchsatz-Verhältnisses ionenimplantierter nichtangelassener Werkzeuge beim Napf-Rückwärts-Fließpressen nach 10 000 gefertigten Teilen.

Werkzeugwerkstoff: S 6-5-2 (62 HRC), Werkstückwerkstoff: 20 MnCr5 Schmierstoff: Bonderlube 236, $h_i/d_i = 1{,}0$, $n_K = 40\ \text{min}^{-1}$

D_W [Stück]	ϑ_A^* [°C]	Implantation: Energie [keV]	Implantation: Dosis [$10^{17}\,\text{cm}^{-2}$]	Implantation: Ionen
		Referenzwerkzeug		
700	-	100	6	N^+
2500	-	150/150	6/1	N^+/Ag^+
800	-	150/150	6/0,56	N^+/Sn^+
3000	-	150/150	6/0,56	N^+/Sn^+

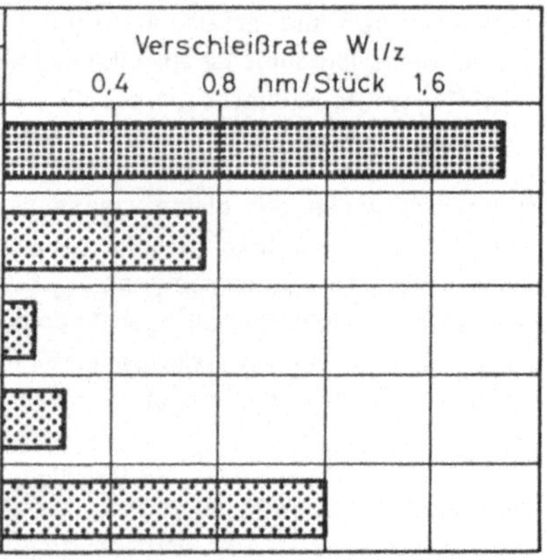
Verschleißrate $W_{l/z}$
0,4
0,8
nm/Stück
1,6

Bild 51: Vergleich des Verschleiß-Durchsatz-Verhältnisses ionenimplantierter nichtangelassener Werkzeuge beim Napf-Rückwärts-Fließpressen bis zum Erreichen der jeweiligen verschleißbedingten Durchsatzmenge D_W.

Werkzeugwerkstoff: S 6-5-2 (62 HRC), Werkstückwerkstoff: 20 MnCr5
Schmierstoff: Bonderlube 236, $h_i/d_i = 1{,}0$; $n_K = 40\ \mathrm{min}^{-1}$; Stückzahl $n = 10000$

ϑ_A [°C]	Implantation			Verschleißbetrag W_l			
	Energie [keV]	Dosis [$10^{17}\mathrm{cm}^{-2}$]	Ionen	4	8	12 μm	16
Referenzwerkzeug							
–	80	4	B^+				
–	100	6	N^+				
–	150/150	6/1	N^+/Ag^+				
–	150/150	6/0,56	N^+/Sn^+				

Bild 52: Vergleich des linearen Verschleißbetrages ionenimplantierter nichtangelassener Werkzeuge beim Napf-Rückwärts-Fließpressen.

In Bild 52 ist der absolute lineare Verschleißbetrag der nichtangelassenen Versuchswerkzeuge gegenübergestellt. Vergleicht man dieses Bild mit der Darstellung in Bild 50, so wird deutlich, wie sich sogar bei nichtangelassenen Werkzeugen die geringe Verschleißrate zu Beginn des Werkzeugeinsatzes verschleißmindernd auf die Standmenge bei größeren Stückzahlen auswirken kann. Unter den nichtangelassenen Werkzeugen wurde mit dem stickstoff-/silberimplantierten Stempel sowohl bezüglich der Verschleißrate bei geringen Stückzahlen als auch bezogen auf den absoluten linearen Verschleiß bei Beendigung des Versuchs das beste Ergebnis erzielt.

In Bild 53 ist die Verschleißrate der angelassenen Fließpreßstempel (Bilder 39 und 42 bis 44) bei Versuchsende gegenübergestellt. Eine Anlaßtemperatur von 230 bzw. 250 °C führt sowohl bei stickstoffimplantierten als auch bei mehrfach mit Stickstoff- und Metallionen implantierten Werkzeugen zu einer Reduzierung der Verschleißrate um etwa 75 bis 90 %. In der Gegenüberstellung wird – wie schon bei den Ergebnissen der angelassenen Stauchbahnen – deutlich, daß eine Anhebung der Anlaßtemperatur bei stickstoffimplantiertem Werkzeugstahl zu keiner Verbesserung führt (vgl. Bild 45).

Aus den Ergebnissen der Verschleißversuche mit stickstoffimplantierten und angelassenen Werkzeugen bei beiden Umformverfahren kann mit ausreichender Sicherheit die Aussage getroffen werden, daß zum Verschleißschutz mit stickstoffimplantierten und angelassenen Werkzeugen eine Dosis von $6 \cdot 10^{17}\ N^+\mathrm{cm}^{-2}$ und eine Anlaßtemperatur von 230 bis 250 °C optimal ist.

Werkzeugwerkstoff: S 6-5-2 (62 HRC), Werkstückwerkstoff: 20 MnCr5
Schmierstoff: Bonderlube 236, $h_i/d_i = 1,0$, $n_K = 40$ min⁻¹ , Stückzahl n = 10000

ϑ_A [°C]	Implantation			Verschleißrate $W_{l/z}$
	Energie [keV]	Dosis [10^{17} cm^{-2}]	Ionen	0,4 0,8 nm/Stück 1,6
Referenzwerkzeug				
250	130	5	N^+	
230	150/150	6/5	N^+/Ag^+	
300	150/150	6/2	N^+/Ag^+	
230	150/150	6/0,7	N^+/Sn^+	

Bild 53: Vergleich des Verschleiß-Durchsatz-Verhältnisses ionenimplantierter angelassener Werkzeuge beim Napf-Rückwärts-Fließpressen nach 10 000 gefertigten Teilen.

Werkzeugwerkstoff: S 6-5-2 (62 HRC), Werkstückwerkstoff: 20 MnCr5
Schmierstoff: Bonderlube 236, $h_i/d_i = 1,0$, $n_K = 40$ min⁻¹

D_W [Stück]	ϑ_A^* [°C]	Implantation			Verschleißrate $W_{l/z}$
		Energie [keV]	Dosis [10^{17} cm^{-2}]	Ionen	0,4 0,8 nm/Stück 1,6
Referenzwerkzeug					
2500	250	130	5	N^+	
4000	230	150/150	6/5	N^+/Ag^+	

Bild 54: Vergleich des Verschleiß-Durchsatz-Verhältnisses ionenimplantierter angelassener Werkzeuge beim Napf-Rückwärts-Fließpressen bis zum Erreichen der jeweiligen verschleißbedingten Durchsatzmenge D_W.

Ähnlich wie bei einigen nichtangelassenen Werkzeugen konnte auch bei angelassenen Fließpreßstempeln eine äußerst geringe Verschleißrate bis zu einer bestimmten verschleißbedingten Durchsatzmenge D_W beobachtet werden. Bild 54 zeigt die Verschleiß-

Durchsatz-Verhältnisse zweier Werkzeuge bis zu dieser Durchsatzmenge D_W, die sich signifikant von den entsprechenden Verschleißraten bei größeren Stückzahlen unterschieden. Es ist offensichtlich, daß mit ionenimplantierten und angelassenen Fließpreßwerkzeugen besonders bei geringen Stückzahlen selbst bei hochbelasteten Fließpreßstempeln drastische Verschleißminderungen realisierbar sind.

Werkzeugwerkstoff: S 6–5–2 (62 HRC), Werkstückwerkstoff: 20 MnCr 5
Schmierstoff: Bonderlube 236, $h_i/d_i = 1{,}0$, $n_K = 40\ \text{min}^{-1}$, Stückzahl $n = 10000$

ϑ_A^{*} [°C]	Implantation			Verschleißbetrag W_l
	Energie [keV]	Dosis [$10^{17}\,\text{cm}^{-2}$]	Ionen	4 8 12 µm 16
	Referenzwerkzeug			
250	130	5	N^+	
230	150 / 150	6 / 5	N^+/Ag^+	
300	150 / 150	6 / 2	N^+/Ag^+	
230	150 / 150	6 / 0,7	N^+/Sn^+	

Bild 55: Vergleich des linearen Verschleißbetrages ionenimplantierter angelassener Werkzeuge beim Napf-Rückwärts-Fließpressen.

Durch die geringe Verschleißrate einiger angelassener Stempel (zu Beginn des Werkzeugeinsatzes) bis zur verschleißbedingten Durchsatzmenge wird – ähnlich wie bei nichtangelassenen Werkzeugen – der absolute lineare Verschleißbetrag W_ℓ nach Beendigung des jeweiligen Versuchs bei 10 000 gefertigten Teilen positiv beeinflußt, vgl. Bild 55. Weil bei den angelassenen Fließpreßstempeln auch bei größeren Durchsatzmengen die Verschleißraten deutlich niedriger als beim Referenzwerkzeug waren, fällt die entsprechende Verminderung des linearen Verschleißbetrages W_ℓ gegenüber den Verschleiß-Durchsatz-Verhältnissen (Bild 53) nicht so deutlich wie bei den nichtangelassenen Werkzeugen auf (Bild 50 bzw. Bild 52).

Die besten Ergebnisse wurden mit dem angelassenen stickstoff- und zinnionenimplantierten Fließpreßstempel erzielt. Nur unwesentlich schlechter fiel das Ergebnis bei angelassenen stickstoffimplantierten Stempeln aus. Dies ist deshalb wichtig, weil die Implantation mit Stickstoff wesentlich einfacher durchzuführen ist als eine Implantation mit Metallionen.

Als Empfehlung zur Verschleißminderung mit Hilfe von Ionenstrahltechniken kann deshalb eine Mehrfachimplantation mit Stickstoff- und Silber- oder Zinnionen, und eine anschließende Anlaßbehandlung bei etwa 250 °C ausgesprochen werden. Zur Erzielung etwas geringerer Verschleißminderungen bei wesentlich einfacher zu gestaltenden Bestrahlungsbedingungen bietet sich jedoch auch eine einfache Stickstoffimplantation mit 5 bis $6 \cdot 10^{17}\,N^+cm^{-2}$ und eine anschließende Anlaßbehandlung bei etwa 250 °C an.

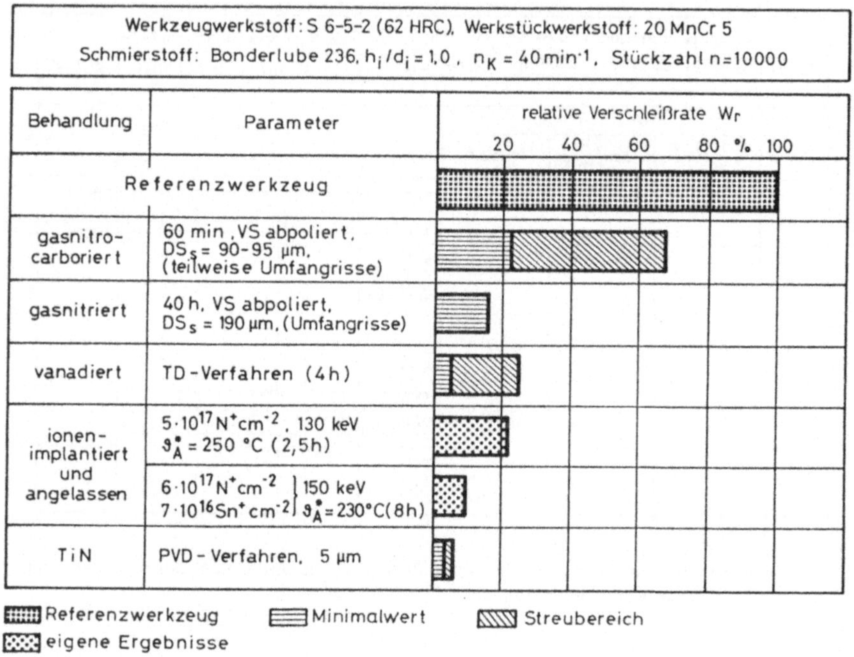

Werkzeugwerkstoff: S 6–5–2 (62 HRC), Werkstückwerkstoff: 20 MnCr 5
Schmierstoff: Bonderlube 236, $h_i/d_i = 1{,}0$, $n_K = 40\,min^{-1}$, Stückzahl n=10000

Behandlung	Parameter	relative Verschleißrate W_r
Referenzwerkzeug		
gasnitrocarboriert	60 min, VS abpoliert, $DS_s = 90{-}95\,\mu m$, (teilweise Umfangrisse)	
gasnitriert	40 h, VS abpoliert, $DS_s = 190\,\mu m$, (Umfangrisse)	
vanadiert	TD-Verfahren (4h)	
ionenimplantiert und angelassen	$5 \cdot 10^{17}\,N^+cm^{-2}$, 130 keV, $\vartheta_A = 250\,°C$ (2,5h)	
ionenimplantiert und angelassen	$6 \cdot 10^{17}\,N^+cm^{-2}$ } 150 keV, $7 \cdot 10^{16}\,Sn^+cm^{-2}$ } $\vartheta_A = 230\,°C$ (8h)	
TiN	PVD-Verfahren, 5 μm	

Skala der relativen Verschleißrate: 20 40 60 80 % 100

Legende: Referenzwerkzeug — Minimalwert — Streubereich — eigene Ergebnisse

Bild 56: Vergleich der Verschleißminderung verschiedener Beschichtungen (nach [17]) und Ionenstrahlbehandlungen beim Napf-Rückwärts-Fließpressen.
(VS = Verbindungsschicht, DS_s = sichtbare Diffusionsschicht)

Bild 56 zeigt den Vergleich der optimalen Versuchsergebnisse aus dieser Untersuchung mit Ergebnissen von Verschleißversuchen an beschichteten Fließpreßstempeln, die *Westheide* am gleichen Versuchsstand unter vergleichbaren Bedingungen durchgeführt hatte [17].

Die Ergebnisse der angelassenen ionenimplantierten Stempel liegen im Bereich der Verschleißreduzierung von gasnitrierten und nach dem **Toyota-Diffusions-Verfahren** (TD-Verfahren) vanadierten Werkzeugen. Die gasnitrocarburierten und die TD-behandelten Stempel zeigten nach [17] eine große Streubreite in der Verschleißminderung. Wie in Abschnitt 7.2.2.2 beschrieben, traten bei den meisten nitrierten Werkzeugen — im Gegensatz zu ionenimplantierten Stempeln – Risse auf, die die Standmenge mit großer Wahrscheinlichkeit herabsetzen. Die Verschleißminderung des angelassenen stickstoff- und zinnionenimplantierten Fließpreßstempels wird lediglich durch die nach dem PVD-Verfahren mit TiN-beschichteten Stempel übertroffen.

Dieser Vergleich zeigt, daß Ionenstrahlverfahren – insbesondere in Verbindung mit Anlaßbehandlungen – in der Lage sind, auch bei höchsten Werkzeugbelastungen den Verschleiß an Fließpreßwerkzeugen nachhaltig herabzusetzen.

8.1.2 Oberflächenmessungen

Neben der Geometriemessung zur Erfassung des Verschleißbetrages wurden, wie in Abschnitt 6.2.2 beschrieben, die Oberflächenkenngrößen nach DIN 4762 bzw. 4768 bestimmt [201, 202]. Damit sollte geprüft werden, inwiefern die Oberflächenfeingestalt mit dem Verschleißverhalten korreliert und ob durch Ionenstrahltechniken die verschleißbedingte Änderung der Oberflächentopographie von Umformwerkzeugen beeinflußt werden kann.

Bei beiden Umformverfahren wurde die Rauheit der Werkzeuge vor Versuchsbeginn und bei Beendigung des Versuchs mit Hilfe eines Tastschnittgerätes gemessen. Bei den Stauchbahnen wurde in der kreisringförmigen Zone des maximalen Verschleißes, in der der lineare Verschleißbetrag W_ℓ gemessen wurde, in tangentialer Richtung abgetastet. Bei den Fließpreßstempeln wurde der Fließbund in tangentialer Richtung abgetastet.

Von allen Auswertungen, die mit den Oberflächenkenngrößen durchgeführt wurden, zeigte die Abhängigkeit vom Verschleiß-Durchsatz-Verhältnis bei Versuchsabschluß die klarsten Ergebnisse. Deswegen werden im folgenden die einzelnen Rauheitswerte der Werkzeuge bei Versuchsende als Funktion der jeweiligen Verschleißrate dargestellt. Ebenfalls als Funktion der Verschleißrate wird der gemittelte Profilleeregrad λ_{pm} dargestellt, und zwar mit Werten vor Versuchsbeginn und bei Versuchsabschluß. Damit ist eine Beurteilung der verschleißbedingten Topographieänderung und eine Bewertung der Ionenstrahltechniken möglich.

Die Veränderung der Oberflächenkenngrößen und damit der Gebrauchseigenschaften der Werkstücke mit fortschreitendem Verschleiß der Werkzeuge kann hinreichend genau nur an den Werkstücken selbst gemessen werden. Daher wurden bei den Versuchen zum Napf-Rückwärts-Fließpressen in denselben Intervallen, in denen an den gefertigten Näpfen die Innendurchmesser vermessen wurden, Näpfe aus der Fertigung entnommen und zur Oberflächenmessung präpariert.

Da Fließpreßteile in der Praxis teilweise einbaufertig produziert werden, wurde von einem Teil der entnommenen Näpfe jeweils die Schmierstoffschicht entfernt. Auf der freigelegten Metalloberfläche wurde mit einem Tastschnittgerät in der Innenwand des Napfes in tangentialer Richtung die Oberfläche abgetastet.

Andererseits war es von Interesse, die Verschleißentwicklung an Hand von Veränderungen der Oberflächenkenngrößen direkt verfolgen zu können. Mit einem Tastschnittgerät herkömmlicher Bauart, das mit einem mechanischen Tastkopf arbeitet, zerstört man die Schmierstoffschicht und erhält deshalb nicht das genaue Abbild der Schmierstoffoberfläche. Daher wurden die verbliebenen Näpfe in axialer Richtung aufgesägt und die nun frei zugängliche und unveränderte Oberfläche der Napfinnenwände mit einem optischen Längenmeßsystem UB 16 (Ulrich Breitmeier Meßtechnik GmbH, Optischer Meßtaster UBF 60), das auch auf Rauheitsmessungen ausgelegt ist, in tangentialer Richtung vermessen. Von den Ergebnissen werden einige exemplarisch vorgestellt.

8.1.2.1 Stauchen zwischen ebenen Bahnen

Nach Abschluß einer Versuchsfertigung, in der Regel nach 20 000 gepreßten Teilen, wurde an ionenstrahlbehandelten und an unbehandelten Stauchbahnen in der Zone des maximalen Verschleißes die Rauheit gemessen. Bild 57 zeigt die Ergebnisse, aufgetragen über dem jeweils erzielten Verschleiß-Durchsatz-Verhältnis.

Die Darstellung der Oberflächenrauheit der ionenstrahlbehandelten bzw. unbehandelten Stauchbahnen in Abhängigkeit der Verschleißrate nach jeweils 20 000 Teilen macht deutlich, wie durch Ionenimplantation die Oberflächenqualität beeinflußt werden kann. Im nichtimplantierten Fall – schraffiert dargestellt – nimmt die Oberflächenrauheit in einem breiten Streuband mit zunehmendem Verschleiß-Durchsatz-Verhältnis zu. Die Rauheitswerte der implantierten Werkzeuge nehmen zwar auch mit wachsender Verschleißrate zu, trotz einiger Streuung bewegen sich diese Werte aber immer im unteren Bereich des Streubandes der nichtimplantierten Stempel. Speziell beim Mittenrauhwert R_a sieht man, wie die Streubreite durch Implantation verringert wird. Dadurch wird bei Einsatz ionenimplantierter Werkzeuge die Standmenge besser kalkulierbar als beim Einsatz unbehandelter Werkzeuge. Daß trotz einer erhöhten Standmenge die Rauheitswerte von ionenimplantierten Werkzeugen kleiner als die Durchschnittswerte nichtimplantierter Werkzeuge oder sogar noch niedriger ausfielen, wurde vereinzelt auch schon in der Literatur berichtet, siehe z. B. [68].

In Bild 58 ist der gemittelte Profilleeregrad λ_{pm} in Abhängigkeit vom Verschleiß-Durchsatz-Verhältnis nach Versuchsende des jeweiligen Werkzeugs für implantierte und nichtimplantierte Werkzeuge aufgetragen. Neben den Daten der Werkzeuge nach Versuchsende sind auch die Werte vor Versuchsbeginn aufgetragen. Hier wird die rauheitsbedingte Verschleißentwicklung deutlich.

Bei den nichtimplantierten Stauchbahnen weisen nach 20 000 gefertigten Teilen besonders diejenigen die größere Verschleißrate auf, die im Ausgangszustand bereits ein vergleichsweise spitzkämmiges bzw. offenes Profil zeigten. Nach 20 000 gefertigten Teilen bewegt sich der beobachtete Wert des gemittelten Profilleeregrades λ_{pm} auf annähernd dem gleichen Niveau. Dies bestätigt Literaturangaben [203], daß sich in Abhängigkeit vom vorliegenden Tribosystem eine von der Ausgangsrauheit unabhängige Oberflächenstruktur und eine Rauheit einstellen, die nur von den Randbedingungen des Tribosystems abhängen. Diese Rauheit wird in [203] als Gleichgewichtsrauheit bezeichnet.

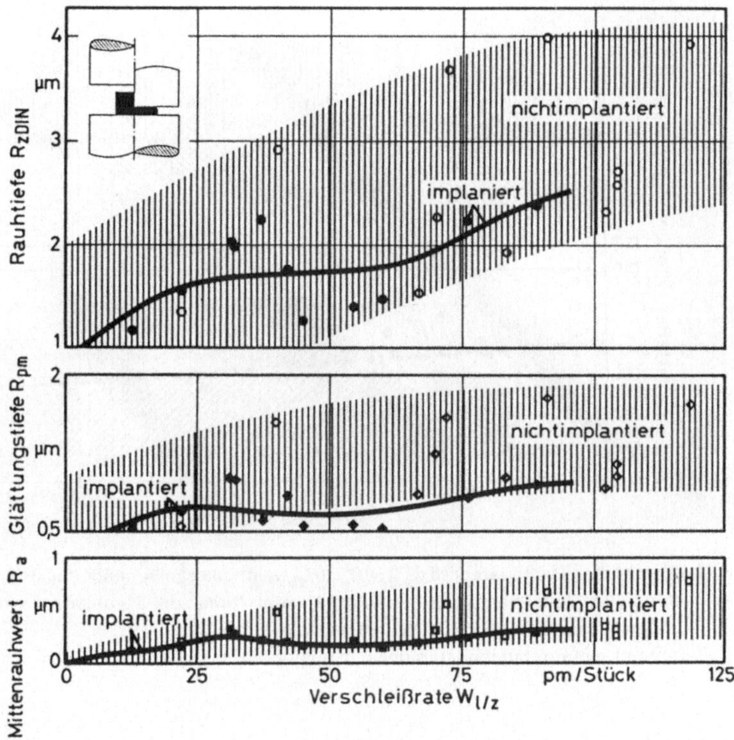

Bild 57: Oberflächenkenngrößen ionenstrahlbehandelter und unbehandelter Stauchbahnen in Abhängigkeit vom Verschleiß-Durchsatz-Verhältnis nach 20 000 gepreßten Teilen.
Abtastrichtung: tangential in der maximalen Verschleißzone.

Bei den implantierten Werkzeugen ist eine Abhängigkeit zwischen gemitteltem Profilleeregrad im Ausgangszustand und Verschleiß-Durchsatz-Verhältnis im Gegensatz zu den nichtimplantierten Stauchbahnen nicht feststellbar. Dies zeigt, daß die Verschleißentwicklung in Form der Verschleißrate bei den ionenstrahlbehandelten Werkzeugen in erster Linie durch diese Behandlung und nicht durch die geometrischen Eigenschaften der Ausgangsoberfläche bestimmt wurde. Bei Versuchsende nach 20 000 gepreßten Teilen befindet sich der gemittelte Profilleeregrad der implantierten Stauchbahnen auf annähernd gleichem Niveau. Abgesehen von wenigen Ausnahmen ist im Vergleich zu den nichtimplantierten Werkzeugen eine wesentlich geringere Streuung zu verzeichnen.

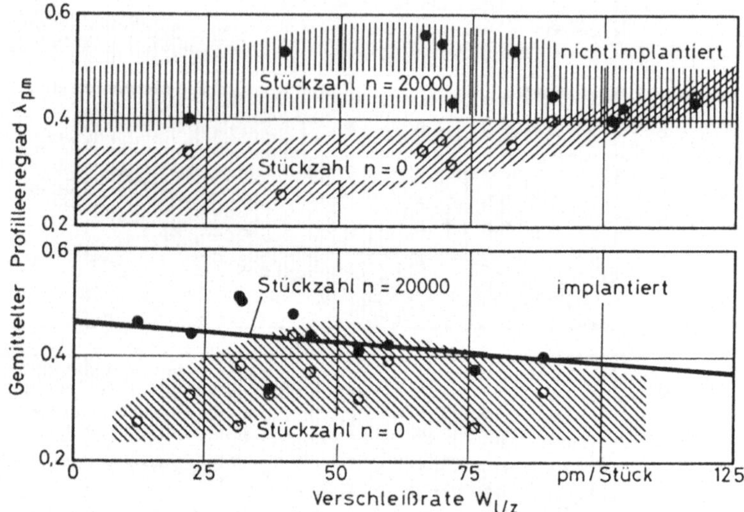

Bild 58: Gemittelter Profilleeregrad $\lambda_{pm} = R_{pm}/R_{zDIN}$ ionenstrahlbehandelter und nichtbehandelter Stauchbahnen in Abhängigkeit vom Verschleiß-Durchsatz-Verhältnis im Ausgangszustand und nach 20 000 gepreßten Teilen.
Abtastrichtung: tangential in der maximalen Verschleißzone.

8.1.2.2 Napf-Rückwärts-Fließpressen

8.1.2.2.1 Rauheit und Verschleißrate

Bei den untersuchten Fließpreßstempeln entsprach die Ausgangsrauheit den üblichen Werten polierter Werkzeuge. Durchschnittlich betrug $R_z = 0,60\,\mu$m, $R_a = 0,09\,\mu$m und $R_{pm} = 0,25\,\mu$m. In Bild 59 sind die Oberflächenkenngrößen der untersuchten Fließpreßstempel nach 10 000 gefertigten Näpfen in Abhängigkeit vom Verschleiß-Durchsatz-Verhältnis dargestellt.

Bei allen drei dargestellten Kenngrößen zeigt sich ein linearer Zusammenhang zwischen der Verschleißrate und der Rauheit nach 10 000 gefertigten Teilen. Die Rauheitszunahme der Referenzwerkzeuge ist die gleiche wie von *Westheide* beobachtet [17]. Die Rauheitswerte sind am niedrigsten für diejenigen Werkzeuge, die bei optimalen Temperaturen angelassen werden, siehe Bild 59 links. Die Rauheit der nichtangelassenen Werkzeuge und auch der bei ungünstigen Temperaturen angelassenen Stempel liegen auf ähnlichem Niveau, entsprechend dem Ergebnis der Verschleißversuche.

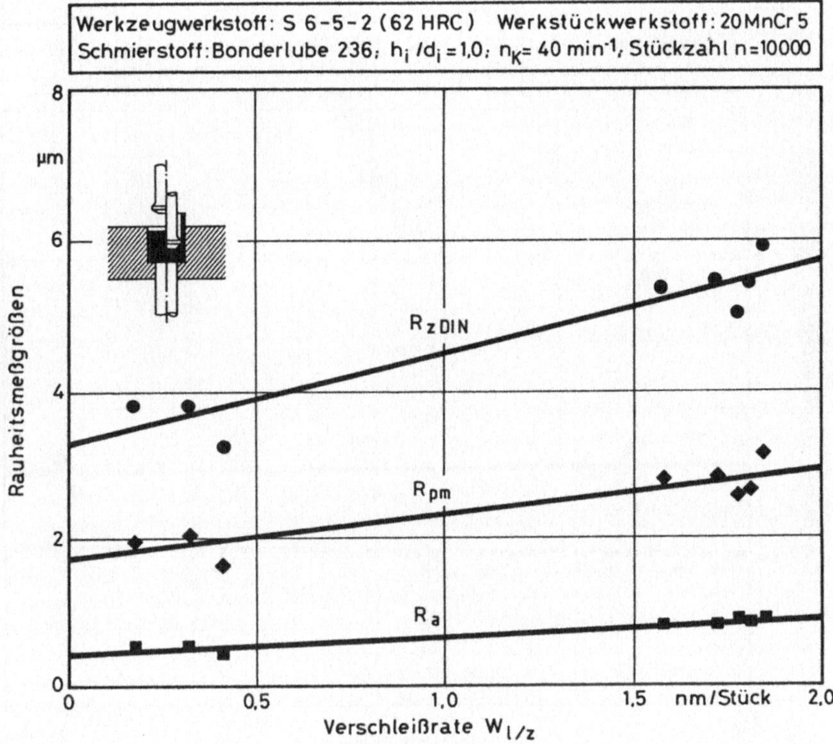

Bild 59: Oberflächenkenngrößen ionenimplantierter und nichtimplantierter Fließpreß-stempel in Abhängigkeit vom Verschleiß-Durchsatz-Verhältnis nach 10 000 ge-preßten Teilen.

Bild 60 zeigt den gemittelten Profilleeregrad der untersuchten Fließpreßstempel vor Versuchsbeginn und nach 10 000 gefertigten Teilen in Abhängigkeit vom Verschleiß-Durchsatz-Verhältnis bei Versuchsende. Im Ausgangszustand gibt es bei den Werkzeugen, die einen größeren Verschleiß zeigten, etwas größere Abweichungen vom Durchschnittswert. Nach 10 000 gefertigten Teilen ist der Wert unabhängig von der erzielten Verschleißminderung bei allen Werkzeugen annähernd gleich. Auch dies bestätigt die Beobachtung in [203], daß sich in Abhängigkeit vom jeweils vorliegenden Tribosystem nach einer Einlaufphase eine typische Oberflächenstruktur einstellt. Vergleicht man die Bilder 59 und 60, so muß festgestellt werden, daß offenbar die Rauheit proportional mit dem Verschleiß-Durchsatz-Verhältnis zunimmt, die charakteristische Struktur der Oberfläche jedoch erhalten bleibt, da das Tribosystem unverändert bleibt.

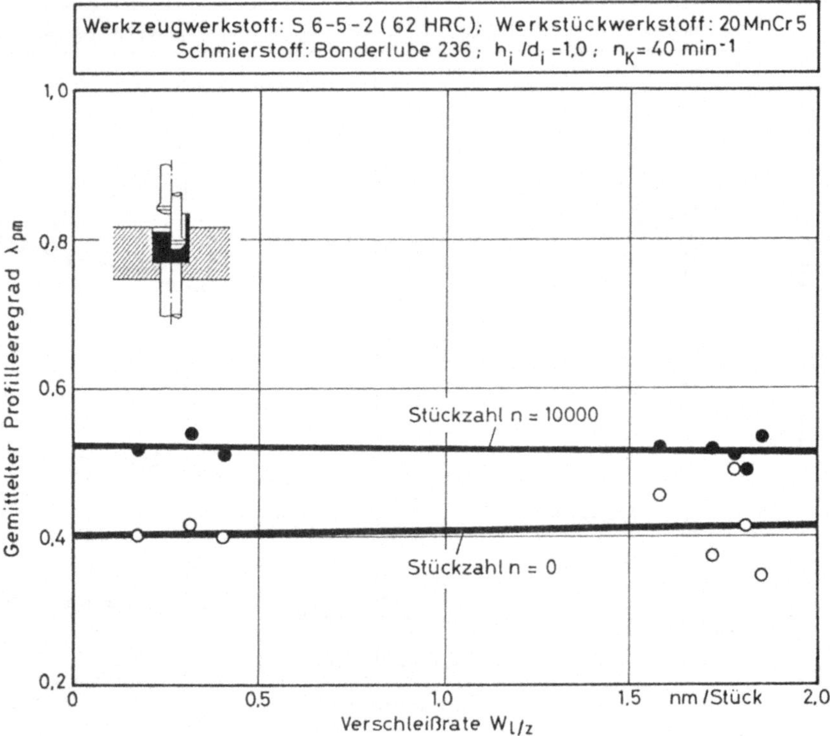

Bild 60: Gemittelter Profilleeregrad $\lambda_{pm} = R_{pm}/R_{zDIN}$ ionenimplantierter und nichtimplantierter Fließpreßstempel in Abhängigkeit vom Verschleiß-Durchsatz-Verhältnis im Ausgangszustand und nach 10 000 gepreßten Teilen.

8.1.2.2.2 Rauheitsentwicklung bei tribologischer Beanspruchung

Zur Beurteilung der Verschleißentwicklung wurden beim Napf-Rückwärts-Fließpressen wie zur Verschleißmessung auch zur Oberflächenmessung in regelmäßigen Abständen Näpfe der Fertigung entnommen. Ein Teil dieser Näpfe wurde mit Bonder V 390 M der Firma Chemetall, einem alkalischen Reiniger für Eisenwerkstoffe zum Entfernen von eingezogenen Phosphat- und Seifenschichten nach dem Kaltumformen, entseift. An den Innenwänden dieser Näpfe wurde die Oberflächenrauheit mit einem Tastschnittgerät aufgenommen. Ein anderer Teil dieser entnommenen Näpfe wurde in axialer Richtung aufgetrennt und die Napfinnenwände in beschriebener Weise optisch ausgemessen. Diese Ergebnisse werden im folgenden exemplarisch vorgestellt.

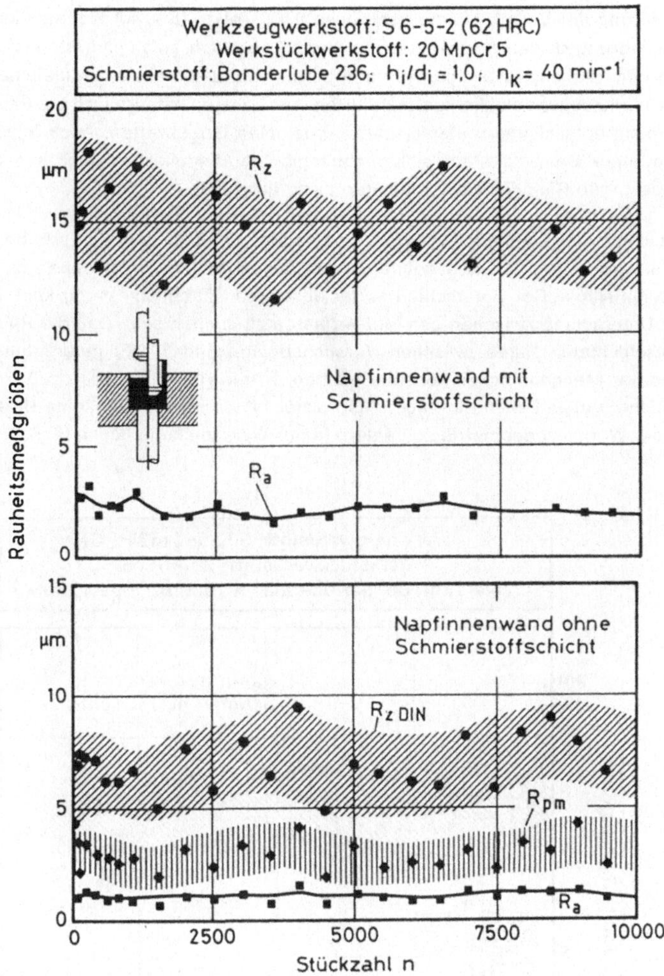

Bild 61: Oberflächenkenngrößen von nicht entseiften und entseiften fließgepreßten Näpfen in Abhängigkeit von der gefertigten Stückzahl. Werkzeug ionenimplantiert ($6 \cdot 10^{17}$ N⁺ cm⁻², 150 keV und $1 \cdot 10^{17}$ Ag⁺ cm⁻², 150 keV). Vgl. Bild 40

Bild 61 zeigt die Oberflächenkennwerte der Näpfe, die mit einem nichtangelassenen stickstoff-/silberionenimplantierten Stempel gepreßt wurden. Die Verschleißkurve dieses Stempels zeigt bis zu etwa 2 500 gefertigten Teilen nur einen minimalen Verschleiß (Bild 40). Dagegen ist bereits an den ersten nach etwa 100 gefertigten Teilen entnommenen Näpfen im nichtentschichteten Zustand eine relativ große Rauheit festzustellen, die dann größenordnungsmäßig bis zum Versuchsende in etwa konstant bleibt. Auch im Bereich der Änderung der Verschleißrate nach etwa 2 500 Teilen (Bild 40) läßt sich keine signifikante Änderung in den Rauheitswerten bemerken. Nach anfänglich stärkeren Schwankungen der Rauheitswerte, die eventuell auf ein Herausbrechen von kleinsten Teilchen aus der Werkzeugoberfläche zurückzuführen sein könnten, nähern sich die Rauheitswerte für die nicht entschichteten Näpfe relativ konstanten Grenzwerten. Auch hier bestätigen sich die Literaturhinweise, daß sich unabhängig von Ausgangsrauheiten je nach Tribosystem bestimmte Gleichgewichtsrauheiten einstellen [203].

Die entschichteten Napfinnenwände zeigen dagegen von Anfang bis Ende des Versuchs eine konstante Rauheit. Die absoluten Werte liegen deutlich unter denen der nicht entschichteten Näpfe. Der Unterschied in der absoluten Rauheitsmessung kann tendenziell in dem Unterschied zwischen den Meßverfahren zu suchen sein. Daß die Rauheitswerte der entschichteten Näpfe zwischen Versuchsbeginn und 10 000 gefertigten Teilen im Rahmen der Meßgenauigkeit konstant bleiben, ist ein Hinweis darauf, daß die Schmierstoffschicht in allen Fällen ein tragendes Polster bilden konnte und keine Unregelmäßigkeit in der Werkzeuggeometrie zu Fehlern in der Werkstückoberfläche führte.

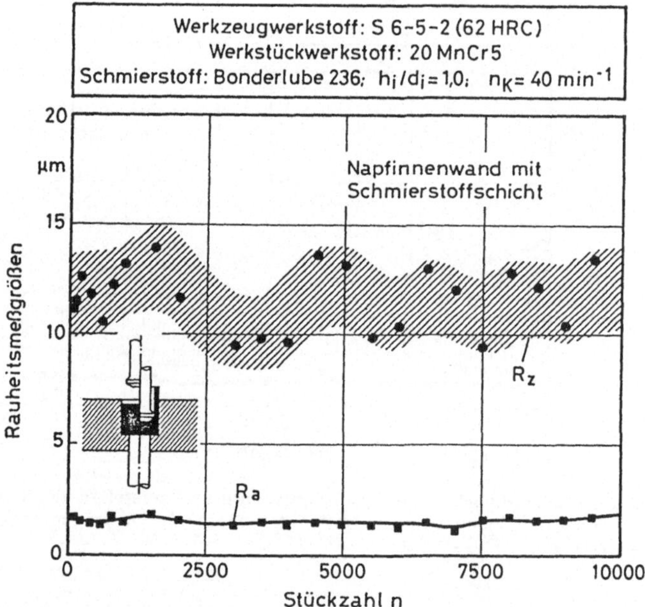

Bild 62: Oberflächenkenngrößen von nicht entseiften fließgepreßten Näpfen in Abhängigkeit von der gefertigten Stückzahl. Werkzeug ionenimplantiert ($6 \cdot 10^{17}\ N^+ cm^{-2}$, 150 keV und $5 \cdot 10^{16}\ Ag^+ cm^{-2}$, 150 keV) und angelassen ($\vartheta_A \approx 230\ °C$, 8 h). Vgl. Bild 42

In Bild 62 sind die Rauheitsmeßgrößen der nicht entschichteten Napfinnenwände über der gefertigten Stückzahl für einen angelassenen stickstoff- und silberionenimplantierten Fließpreßstempels aufgetragen, vgl. Bild 42. Obwohl dieses Werkzeug – verglichen mit dem entsprechenden nichtangelassenen Stempel – einen stark verminderten Verschleiß aufweist, gibt es keine nennenswerten Unterschiede in den Rauheitskurven; insbesondere bei größeren Stückzahlen weichen die Werte nur noch unwesentlich voneinander ab.

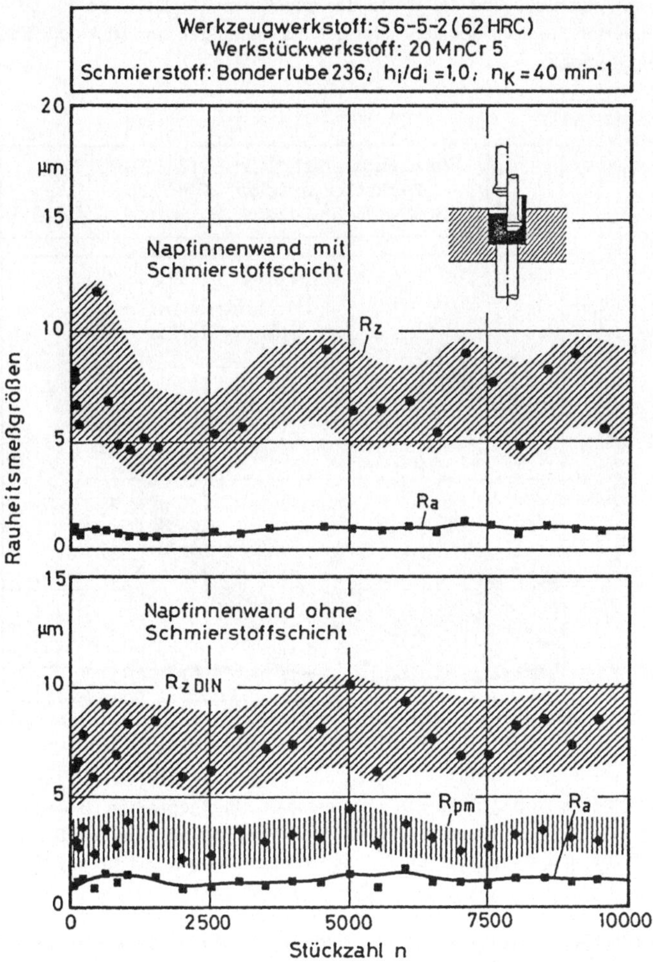

Bild 63: Oberflächenkenngrößen von nicht entseiften und entseiften fließgepreßten Näpfen in Abhängigkeit von der gefertigten Stückzahl. Werkzeug ionenimplantiert ($6 \cdot 10^{17}$ N$^+$cm^{-2}, 150 keV und $5,6 \cdot 10^{16}$ Sn$^+$cm^{-2}, 150 keV). Vgl. Bild 41

Wie in den beiden vorangegangenen Bildern für stickstoff- und silberimplantierte Werkzeuge sind in den Bildern 63 und 64 die Entwicklungen der Rauheitswerte eines nichtangelassenen (Bild 63) bzw. eines angelassenen (Bild 64) stickstoff- und zinnionenimplantierten Fließpreßstempels dargestellt. Besonders beim nichtangelassenen Werkzeug fällt eine vergleichsweise große Schwankung der gemittelten Rauhtiefe auf. Ein deutlicher Anstieg wie in Bild 64 für R_z wurde nur selten beobachtet. Die hier nicht gezeigten Messungen der entschichteten Näpfe aus dieser Fertigung zeigten dagegen relativ starke Streuungen. Allgemein sind die Werte der gemittelten Rauhtiefe beider stickstoff- und zinnimplantierter Stempel deutlich niedriger als diejenigen der stickstoff- und silberimplantierten Stempel.

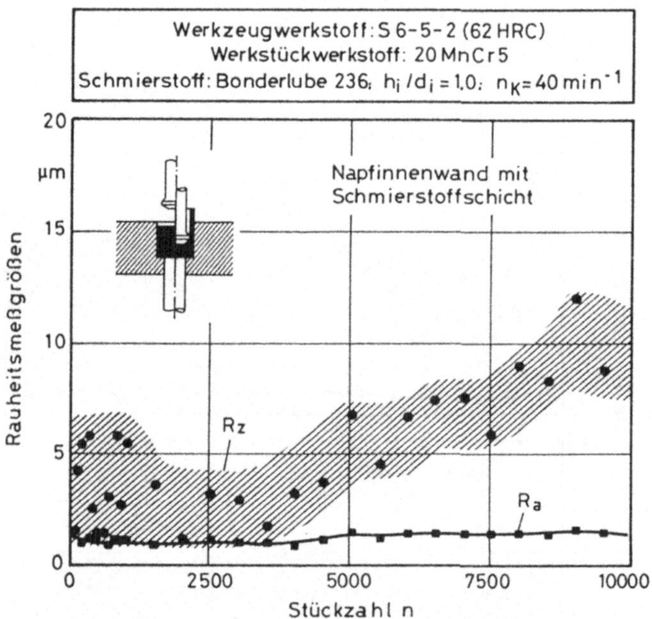

Bild 64: Oberflächenkenngrößen von nicht entseiften fließgepreßten Näpfen in Abhängigkeit von der gefertigten Stückzahl. Werkzeug ionenimplantiert ($6 \cdot 10^{17}$ N⁺cm⁻², 150 keV und $7 \cdot 10^{16}$ Sn⁺cm⁻², 150 keV) und angelassen ($\vartheta_A \approx 230$ °C, 8 h). Vgl. Bild 44

Tendenzmäßig liegen die R_z-Werte der nichtentschichteten Näpfe von beiden angelassenen Werkzeugen etwas niedriger als bei den nichtangelassenen Versionen. Jedoch kann keine Korrelation zwischen Rauheitsentwicklung und Verschleißverlauf festgestellt werden.

Die hier gezeigten Ergebnisse von Rauheitsmessungen sollten beispielhaft zeigen, wie die Entwicklung dieser Kenngrößen typischerweise für Messungen auf der Schmierstoff-schicht bzw. nach Entfernen der Schicht im Bereich der hier untersuchten Stückzahlen abläuft. Bei allen untersuchten Stempeln ist offenbar bereits bei den ersten Hüben die Oberfläche stark aufgerauht. Anschließend bleiben die Werte nahezu konstant mit einer im allgemeinen leicht progressiven Tendenz.

In den Meßschrieben der optischen Messung waren vereinzelt zwischen mehreren tau-send gefertigten Teilen die gleichen Riefen zu erkennen. Die Mittenrauhwerte R_a waren bei allen Näpfen mit guter Übereinstimmung zu ermitteln. In den entschichteten Näpfen wurde auf dem Metall eine etwas größere Streuung festgestellt.

Andererseits schlugen die i. allg. festgestellten starken Schwankungen der gemittelten Rauhtiefe R_z fast nicht auf den Wert von R_{zDIN} auf der Metalloberfläche durch. Überein-stimmungen im Verlauf wurden nur selten beobachtet.

Die R_z-Werte der nichtentschichteten Näpfe lassen vermuten, daß die Schwankungen der gemittelten Rauhtiefe eine Periode einer Durchsatzmenge von etwa 2 000 Stück hatten. Die Erklärung hierfür könnte sein, daß durch Adhäsion Werkstückwerkstoff auf das Werk-zeug übertragen wird und dann abrasiv wirkt [16, 204]. Bei der anhaltenden Wechselbe-anspruchung könnte es im mikroskopischen Verankerungsbereich dieser Aufschweißun-gen zu Ermüdungserscheinungen kommen, bis die ermüdeten Bereiche versagen und etwas größere Partikel als die ursprünglichen Aufschweißungen herausgerissen werden.

Außerdem halten die Carbide dem angreifenden Verschleiß wesentlich länger stand als die Grundmatrix aus Martensit und Restaustenit. Im gehärteten Zustand enthält der Schnellarbeitsstahl etwa 10 % Primärcarbide, zusammengesetzt aus etwa 9 % M_6C- oder M_2C-Carbiden und rund 1 % MC-Carbiden [205]; M_6C hat eine Härte von etwa 1 500 HV 0,02, M_2C von 2 000 HV 0,02 und MC von 3 000 HV 0,02 [206]. Durch den schneller fortschreitenden Verschleiß der Grundmatrix bleiben die teilweise freigelegten Carbide über der restlichen Oberfläche erhaben stehen und hemmen auf Grund ihrer hohen Härte den Verschleißfortschritt. Wenn der Verschleiß der Grundmatrix eine kriti-sche Tiefe in Bezug auf die Größe der Carbide erreicht hat, brechen diese bei weiterer tribologischer Belastung aus der Oberfläche heraus.

Hinzu kommen die in Kapitel 4 beschriebenen Einflüsse der Ionenstrahlbehandlungen auf Werkzeugstähle, die die aufgeführten Vorgänge nachhaltig beeinflussen, was an den Er-gebnissen der vorgestellten Versuche gezeigt werden konnte.

Als Synergieeffekt einer Vielzahl der erwähnten Vorgänge ist eine makroskopisch be-merkbare, von der gefertigten Durchsatzmenge abhängige, Rauheitsschwankung erklär-bar.

Die Tatsache, daß die in den gefertigten Näpfen bereits nach einer kleinen Durchsatz-menge ermittelte Rauheit deutlich über der Ausgangsrauheit liegt und diese dann nahezu konstant bleibt, wurde mit gleichen Werkstoffen und ähnlichen Geometrieverhältnissen bereits in früheren Versuchen von *Nehl* gefunden [16].

Schlowag und *Quaas* wiesen mit Hilfe von radioaktiven Isotopen nach, daß beim Napf-Rückwärts-Fließpressen der Einlaufverschleiß im Gegensatz zum darauf folgenden Verschleiß besonders groß ist [48]. Die geometrischen Verhältnisse ähnelten sehr den in dieser Untersuchung verwendeten Abmessungen. Gerade dieser Einlaufbereich konnte ja mit Geometriemessungen wegen der Aufstauchgefahr nicht zuverlässig bestimmt werden. Das heißt ähnlich der Korrelation zwischen Rauheitsmeßgrößen und Verschleiß-Durchsatz-Verhältnis (s. Bild 59) scheint bereits bei geringen Stückzahlen ein proportionaler Zusammenhang zwischen Verschleiß und Rauheit der Werkzeugoberfläche zu bestehen.

8.1.2.2.3 Toleranzbedingte Standmengengrenzen

In der VDI-Richtlinie 3138, Blatt 1, sind die Absolutwerte für Toleranzen bei Kaltfließpreßteilen aus Stahl und die zulässigen Rauhtiefenwerte für Losgrößen von 10 000 Stück angegeben [207]. Für den Werkstückwerkstoff 20 MnCr 5 sind quer zur Fließrichtung einzuhaltende Rauhtiefenwerte (ohne Sondermaßnahmen) von $R_t = 14$ bis $18\,\mu$m, was etwa $R_z = 9$ bis $12\,\mu$m entspricht, angegeben. Vergleicht man diese Vorgaben mit den beispielhaft gezeigten Ergebnissen in den Bildern 61 und 63, so kann festgestellt werden, daß diese Werte eingehalten werden. Trotz Verbesserung der verschleißbezogenen Eigenschaften werden sie andererseits auch nicht signifikant unterschritten.

Bei den Absolutwerten der zulässigen Toleranzen der hier gefertigten Näpfe ist den Angaben in der VDI-Richtlinie ein Wert von 0,07 mm für den Innendurchmesser zu entnehmen.

Das nichtimplantierte Referenzwerkzeug wies ein lineares Verschleiß-Durchsatz-Verhältnis von $W_{\ell/z} = 1{,}88$ nm/Stck auf. Bezogen auf einen umgerechneten Verschleißbetrag je Kilometer Verschleißweg entspricht dies einem linearen Verschleiß-Weg-Verhältnis (lineare Verschleißintensität [195]) von $W_{\ell/s} = 155\,\mu$m/km. Bei den verwendeten Geometrieverhältnissen entspricht das einem massenmäßigen Verschleiß-Durchsatz-Verhältnis von $W_{m/z} = 1{,}7\,\mu$g/Stck.

Das Fließpreßwerkzeug in dieser Untersuchung mit dem günstigsten Verschleiß-Durchsatz-Verhältnis nach Beendigung des Versuches bei 10 000 gefertigten Teilen wies einen Wert von $W_{\ell/z} = 0{,}18$ nm/Stck auf (Mehrfachimplantation N^+/Sn^+ und angelassen, vgl. Bild 44). Auf den Verschleißweg bezogen beträgt dies einer linearen Verschleißintensität von $W_{\ell/s} = 15\,\mu$m/km. Das entspricht einem massenmäßigem Verschleiß-Durchsatz-Verhältnis von $W_{m/z} = 0{,}16\,\mu$g/Stck.

Die nach der VDI-Richtlinie 3138 zulässigen Toleranzen können nicht dazu herangezogen werden, allein die verschleißbedingten Maßänderungen aufzufangen; vielmehr müssen auch Maßänderungen durch unterschiedliche Wärme- und Oberflächenbehandlungen der Rohteile, durch Ungenauigkeiten bei der Rohteilherstellung oder der Werkzeugfertigung, beim Werkzeugeinbau sowie durch Werkzeug- und Maschinenauffederung, berücksichtigt werden. Hieraus ist zu ersehen, daß die zulässigen Toleranzen nur zu einem Bruchteil die verschleißbedingten Maßänderungen auffangen können.

Läßt man alle Einflüsse auf die Werkstückgeometrie mit Ausnahme des Verschleißes außer acht, so würde beim Referenzwerkzeug mit $W_{\ell/z} = 1{,}88$ nm/Stck die Toleranzgrenze nach ca. 18 500 gepreßten Teilen erreicht werden, während bei dem zuvor erwähnten N^+/Sn^+-implantierten und angelassenen Werkzeug die Toleranzgrenze erst nach ca. 195 000 gefertigten Teilen erreicht wäre, sofern die verschleißmindernde Wirkung so lange anhält. *Noack* ermittelte für Napf-Rückwärts-Fließpreßstempel mit vergleichbaren Belastungen eine Standmenge von etwa 25 000 Stück [208].

Die Abschätzungen zeigen, daß unbehandelte Werkzeuge im untersuchten Geometriespektrum in der Regel durch Erreichen der geometrischen Toleranzgrenze ausfallen, während Werkzeuge, die zum Verschleißschutz mit Ionenstrahltechniken behandelt wurden, bei größeren Stückzahlen eher durch Erreichen der zulässigen Rauheitstoleranzen ausfallen dürften. Bei Erreichen der rauheitsbedingten Toleranzgrenze ist dann im Gegensatz zu den meisten konkurrierenden Verfahren eine Nachbearbeitung und erneute Ionenstrahlbehandlung des teuren Werkzeugs möglich.

8.1.3 Morphologische Beurteilung der tribologisch beanspruchten Oberflächen

Die meisten Versuchswerkzeuge wurden im Rasterelektronenmikroskop untersucht und die Oberflächenstruktur zur qualitativen Bewertung der Ergebnisse der Verschleißversuche herangezogen. Im folgenden werden einige dieser Aufnahmen vorgestellt.

8.1.3.1 Stauchen zwischen ebenen Bahnen

Als erstes werden die REM-Aufnahmen einer borimplantierten und bei 200 °C angelassenen Stauchbahn und der entsprechenden nichtimplantierten Stauchbahn nach Versuchsende verglichen. Hier wurde, wie auch bei den folgenden Bildern von Stauchbahnen, der Versuch nach 20 000 gefertigten Teilen beendet. In Bild 28 sind die Verschleißkurven der implantierten und nichtimplantierten Stauchbahn dargestellt.

Die nächsten fünf Bilder geben die Oberflächenbeschaffenheit der nichtimplantierten Stauchbahn wieder, wobei alle charakteristischen Bereiche in radialer Richtung vom unverschlissenen Außenbereich über die ringförmige Zone maximalen Verschleißes bis zum Mittelpunkt der Stauchbahnoberfläche gezeigt werden. Die Stauchbahn zeigte, wie viele nichtimplantierte geläppte Stauchbahnen, makroskopisch sichtbare Kaltaufschweißungen.

Bild 65 zeigt den Randbereich der nichtimplantierten geläppten Stauchbahn. Wie in allen folgenden rasterelektronenmikroskopischen Aufnahmen ist der Maßstab in der unteren Bildzeile dargestellt; in diesem Fall entspricht der Balken einer Länge von 100 μm. Deutlich ist das typische Bild einer flachgeläppten Oberfläche zu erkennen. Als Oberflächenkennwerte wurden $R_z = 0{,}32$ μm und $R_a = 0{,}03$ μm gemessen. Dieses Bild ist typisch für den Zustand der in dieser Untersuchung verwendeten Stauchbahnoberflächen vor Versuchsbeginn.

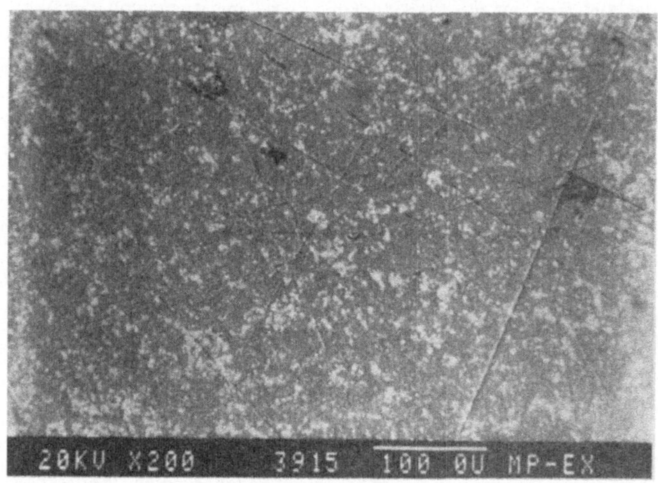

Bild 65: REM-Aufnahme einer nichtimplantierten Stauchbahn nach 20 000 gefertigten Teilen. Ausschnitt: Nichtverschlissener Randbereich. Vgl. Bild 28

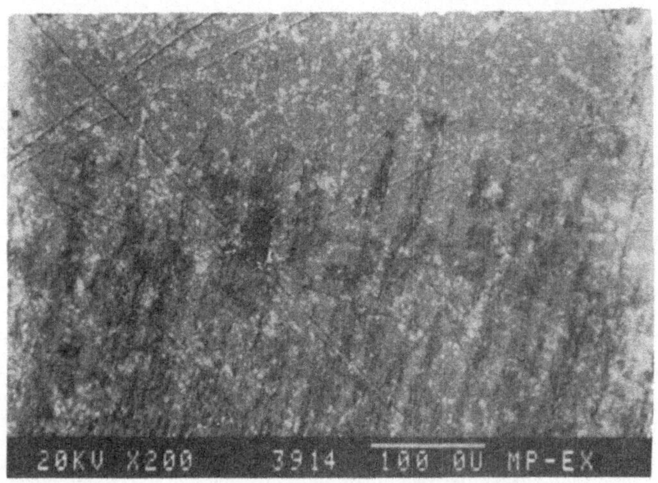

Bild 66: REM-Aufnahme einer nichtimplantierten Stauchbahn nach 20 000 gefertigten Teilen. Ausschnitt: Randbereich zwischen nichtverschlissener Oberfläche und äußerer Verschleißzone mit leichten Kaltaufschweißungen. Vgl. Bild 28

In Bild 66 ist der Rand der Verschleißzone zu sehen. Neben der unverschlissenen Oberfläche sind die ersten Verschleißerscheinungen zu sehen. Man erkennt Aufschweißungen, die in radialer Richtung orientiert sind. Innerhalb dieser Aufschweißungen sind leichte Abrasionsspuren sichtbar.

Im folgenden Bild ist die Zone des stärksten Verschleißes dargestellt (Bild 67). Man erkennt durch Adhäsion übertragene Partikel und Furchen, die durch abrasive Beanspruchung entstanden sind. Hier war auch der Ort maximaler Relativbewegung zwischen Stauchbahn und Werkstück.

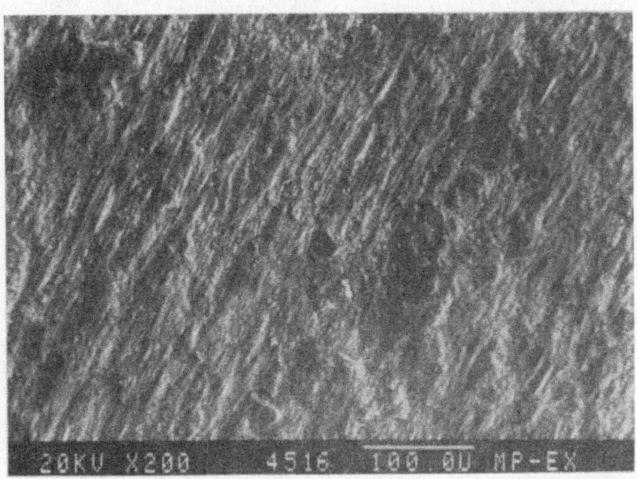

Bild 67: REM-Aufnahme einer nichtimplantierten Stauchbahn nach 20 000 gefertigten Teilen. Ausschnitt: Zone maximalen Verschleißes mit Adhäsions- und Abrasionsverschleiß. Vgl. Bild 28

Bild 68 gibt einen Ausschnitt aus Bild 67 wieder. Auf einer abrasiv zerfurchten Oberfläche erkennt man eine Fülle von adhäsiv übertragenen Partikeln unterschiedlicher Größe.

Im Bereich des Mittelpunktes der Stauchbahn, in der die Relativbewegung zwischen Werkzeug und Werkstück minimal war, sind nur flache Aufschweißungen sichtbar, vgl. Bild 69. Es können nur sehr geringe Abrasivspuren festgestellt werden. Einige Riefen der ursprünglichen geläppten Oberfläche kann man noch erkennen.

Von der entsprechenden ionenimplantierten Stauchbahn ist nur die Zone maximalen Verschleißes dargestellt, siehe Bild 70. Die relative Verschleißrate W_r von etwa 84 % bedeutet zwar keine gravierende Verschleißminderung (vgl. Bild 28), jedoch konnten keine Kaltaufschweißungen beobachtet werden. Im Bild 70 ist überwiegend Abrasivverschleiß festzustellen.

Die Vergrößerung in Bild 71 zeigt eine detaillierte Struktur des Verschleißbildes. Offenbar sind größere dunkel erscheinende Ausscheidungen wie Carbide in der Lage, dem Verschleiß länger als der Werkzeuggrundwerkstoff standzuhalten. In Verschleißrichtung (in

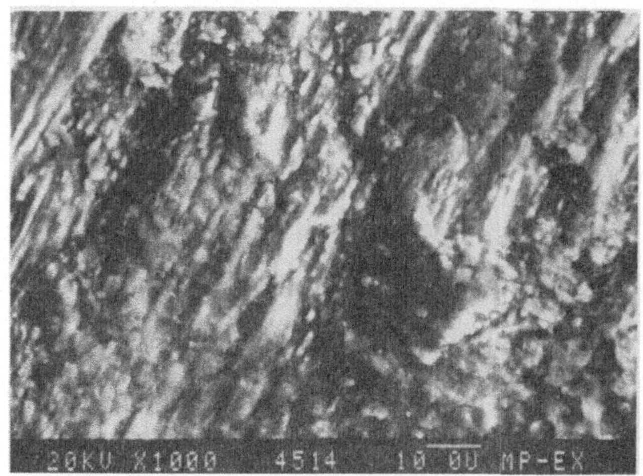

Bild 68: REM-Aufnahme einer nichtimplantierten Stauchbahn nach 20 000 gefertigten Teilen. Ausschnitt: Zone maximalen Verschleißes mit Adhäsions- und Abrasionsverschleiß; Ausschnitt aus Bild 67. Vgl. Bild 28

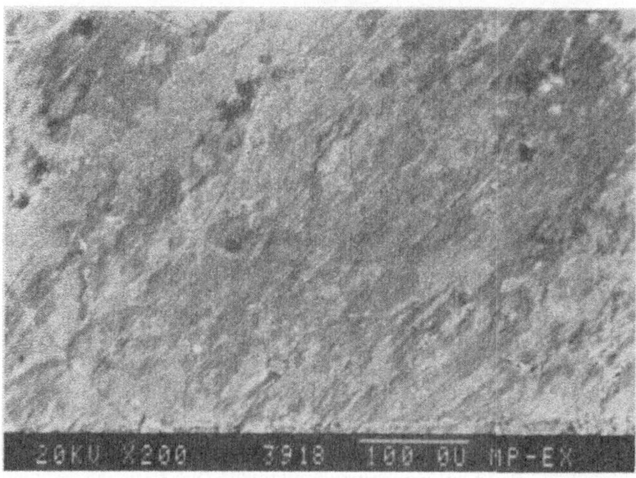

Bild 69: REM-Aufnahme einer nichtimplantierten Stauchbahn nach 20 000 gefertigten Teilen. Ausschnitt: Innenbereich der Stauchbahnoberfläche mit flachen Kaltaufschweißungen. Vgl. Bild 28

Bild 70 und Bild 71 von links unten nach rechts oben) hinter diesen Partikeln ist die Matrix
nicht so weit ausgewaschen wie an anderen Stellen der Werkzeugoberfläche. In Bild 71

Bild 70: REM-Aufnahme einer angelassenen borimplantierten Stauchbahn $(1 \cdot 10^{17}\,B^+\,cm^{-2},\ 60\,keV,\ \vartheta_A^* = 200\,°C\ (2,5\,h))$ nach 20 000 gefertigten Teilen. Ausschnitt: Zone maximalen Verschleißes mit überwiegendem Abrasionsverschleiß. Vgl. Bild 28

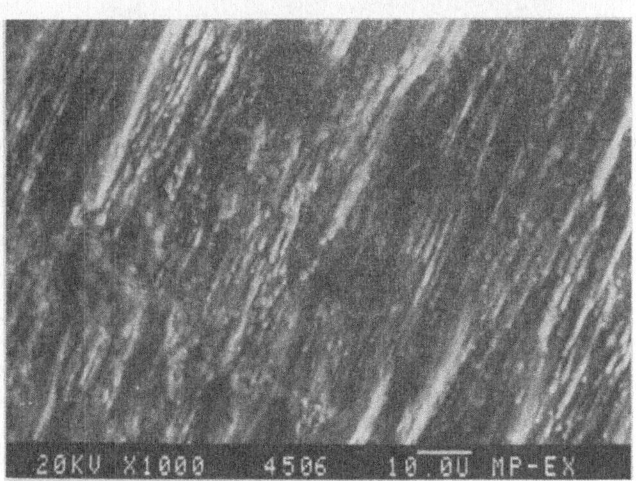

Bild 71: REM-Aufnahme einer angelassenen borimplantierten Stauchbahn $(1 \cdot 10^{17}\,B^+\,cm^{-2},\ 60\,keV,\ \vartheta_A^* = 200\,°C\ (2,5\,h))$ nach 20 000 gefertigten Teilen. Ausschnitt: Zone maximalen Verschleißes mit überwiegendem Abrasionsverschleiß; Ausschnitt aus Bild 70. Vgl. Bild 28

sind viele kleine hell erscheinende Partikel sichtbar, die gleichfalls härter als die Grundmatrix sind, da hier ebenfalls der Verschleiß nicht so stark wie auf dem Rest der Oberfläche angreifen konnte. Entweder handelt es sich um sehr feine Ausscheidungen aus dem Werkzeugwerkstoff oder es sind dies kleine Partikel, die auf Grund von Adhäsionsverschleiß beim Umformvorgang in der Wirkfuge verbleiben, dort zunächst eine Stützwirkung übernehmen, bei fortschreitendem Verschleiß dann herausbrechen und in bedeutendem Maß zum Abrasionsverschleiß beitragen, vgl. Kapitel 4.

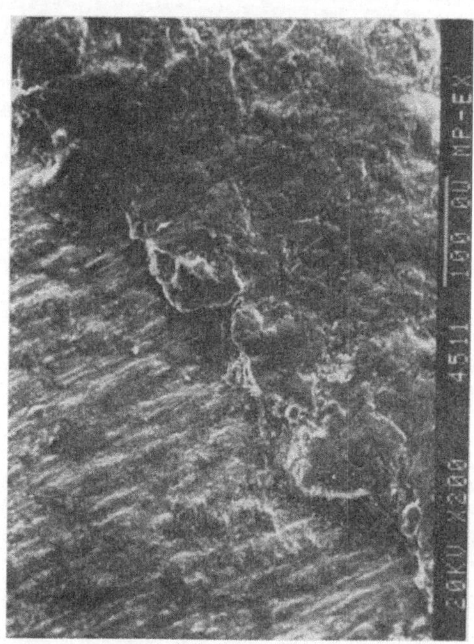

Bild 72: REM-Aufnahme einer nichtimplantierten Stauchbahn nach 20 000 gefertigten Teilen. Ausschnitt: Zone maximalen Verschleißes mit Adhäsions- und Abrasionsverschleiß sowie Kaltaufschweißung. Vgl. Bild 31

Besonders deutliche Kaltaufschweißungen zeigte die nichtimplantierte Stauchbahn in der ringförmigen Zone des maximalen Verschleißes (Bild 72), die als Referenzwerkzeug zusammen mit der bei 300 °C angelassenen borionenimplantierten Stauchbahn eingesetzt war, vgl. Versuchsergebnisse in Bild 31. Daß es sich um eine Kaltaufschweißung und nicht nur um Schmutzpartikel handelt, kann man daran erkennen, daß in der Aufschweißung bereits Verschleißriefen in der allgemeinen Verschleißrichtung vorliegen.

Die entsprechende ionenimplantierte Stauchbahn (Bild 73) zeigt, wie auch die bei 200 °C angelassene borimplantierte Stauchbahn, überwiegend Abrasionsverschleiß. Die relative Verschleißrate lag hier mit 41 % deutlich besser, höchstwahrscheinlich wegen der tem-

Bild 73: REM-Aufnahme einer angelassenen borimplantierten Stauchbahn $(1 \cdot 10^{17}\,\mathrm{B}^+\mathrm{cm}^{-2},\ 60\,\mathrm{keV},\ \overset{\circ}{\vartheta}_A = 300\,°\mathrm{C}\ (2{,}5\ \mathrm{h}))$ nach 20 000 gefertigten Teilen. Ausschnitt: Zone maximalen Verschleißes mit überwiegendem Abrasionsverschleiß. Vgl. Bild 31

peraturbedingt ermöglichten Phasenbildung (vgl. Bild 46 und 47). Die Oberflächenstruktur zeigt mehr Adhäsionserscheinungen bzw. mehr mikroskopisch kleine Ausscheidungen als die Oberfläche der bei 200 °C angelassenen borimplantierten Stauchbahn (vgl. Bild 70). Eine Erklärung könnte darin bestehen sein, daß durch die hinreichend hohe Anlaßtemperatur die Bildung von Fe-B-Phasen ermöglicht wurde, die den Furchungsverschleiß an der Werkzeugoberfläche stark hemmen.

Die folgenden Bilder geben beispielhaft die Oberflächen von stickstoffionenimplantierten und nichtimplantierten Stauchbahnen im Bereich der Zone des maximalen Verschleißes wieder.

Bild 74 zeigt im Bereich des maximalen Verschleißes die Oberfläche der nichtimplantierten Stauchbahn, die als Gegenwerkzeug zu der stickstoffimplantierten und angelassenen Stauchbahn im Einsatz war, welche die besten Ergebnisse lieferte. Es liegt überwiegend abrasiver Verschleiß vor. Ausscheidungen, wie z. B. Carbide, wirken verschleißmindernd.

Im Bild 75 ist ein Ausschnitt aus Bild 74 gezeigt. Trotz der harten Ausscheidungen, die verschleißmindernd wirken können, liegt offenbar ein mehr oder weniger gleichmäßiger Verschleißfortschritt vor, da die Werkzeugoberfläche auch im Bereich der härteren Ausscheidungen offensichtlich gleichmäßig abgetragen wird, wenn auch mit geringerer Verschleißgeschwindigkeit als die umgebende Matrix.

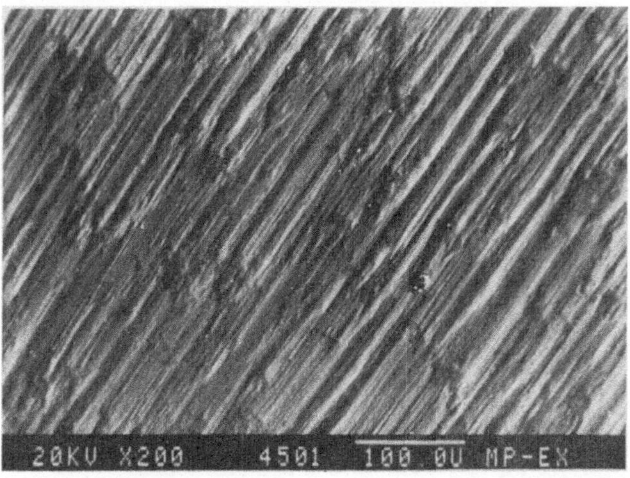

Bild 74: REM-Aufnahme einer nichtimplantierten Stauchbahn nach 20 000 gefertigten Teilen. Ausschnitt: Zone maximalen Verschleißes mit überwiegendem Abrasionsverschleiß. Vgl. Bild 25

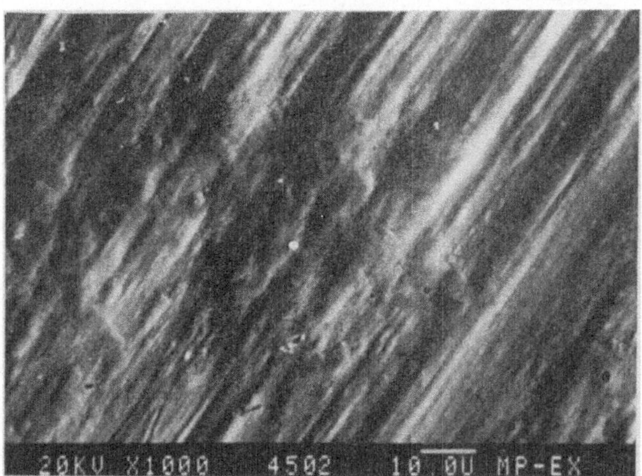

Bild 75: REM-Aufnahme einer nichtimplantierten Stauchbahn nach 20 000 gefertigten Teilen. Ausschnitt: Zone maximalen Verschleißes mit überwiegendem Abrasionsverschleiß; Ausschnitt aus Bild 74. Vgl. Bild 25

In Bild 76 ist die Verschleißzone der stickstoffimplantierten und bei 250 °C angelassenen Stauchbahn wiedergegeben; auch hier dominiert der Abrasionsverschleiß. Diese Stauch-

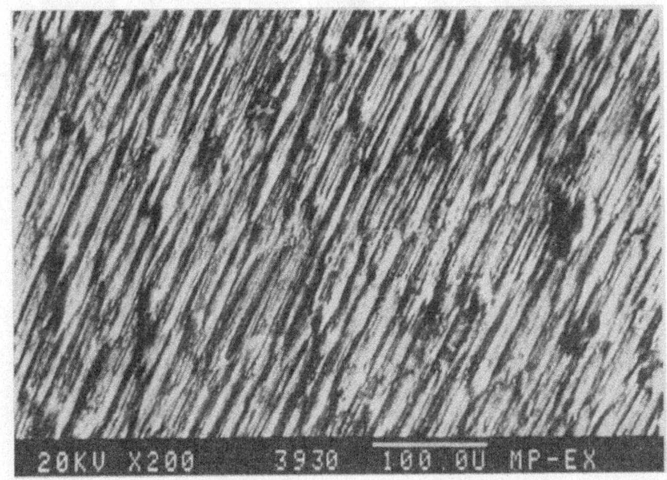

Bild 76: REM-Aufnahme einer angelassenen stickstoffimplantierten Stauchbahn $(6 \cdot 10^{17}\,N^+cm^{-2}$, 130 keV, $\dot{\vartheta}_A = 250\,°C$ (2,5 h)) nach 20 000 gefertigten Teilen. Ausschnitt: Zone maximalen Verschleißes mit überwiegendem Abrasionsverschleiß. Vgl. Bild 25

bahn hatte mit einer relativen Verschleißrate von $W_r = 38\,\%$ die größte Verschleißminderung gezeigt.

Der Vergleich mit der nichtimplantierten Stauchbahnoberfläche in Bild 74 zeigt eine wesentlich stärkere Furchung der implantierten Stauchbahnoberfläche. Dabei fällt auf, daß offenbar die Phasen in der implantierten und angelassenen Stauchbahn wesentlich härter als in der unbehandelten Stauchbahn sind, weil diese in Bild 76 wesentlich stärker über die mittlere Oberfläche als bei der nichtimplantierten Stauchbahn in Bild 74 herausragen. Die möglichen Mechanismen der Härtung von Phasen und deren Umwandlung infolge der Ionenimplantation und anschließenden Anlaßbehandlung wurden in Kapitel 4 beschrieben. Dadurch, daß die Phasen verschleißbeständiger als die Matrix sind, schützen sie den in Verschleißrichtung hinter ihnen liegenden Grundwerkstoff, der gleichzeitig für die harten Einschlüsse eine Stützfunktion übernimmt.

Ein Ausschnitt der implantierten und angelassenen Stauchbahnoberfläche aus Bild 76 ist in Bild 77 gezeigt. Deutlich sind die erhabenen Phasen zu erkennen. Ferner wird im Vergleich zur Oberfläche der nichtimplantierten Stauchbahn in Bild 75 sichtbar, daß innerhalb der Furchen, die offensichtlich durch die erhöhte Verschleißbeständigkeit der größeren Phasen hervorgerufen wird, weitere deutlich kleinere Partikel dem Verschleiß standhalten.

Neben der hier erwähnten Möglichkeit der Erzielung einer erhöhten Verschleißbeständigkeit von Phasen muß ebenso die verschleißmindernde Wirkung der Ionenimplantation

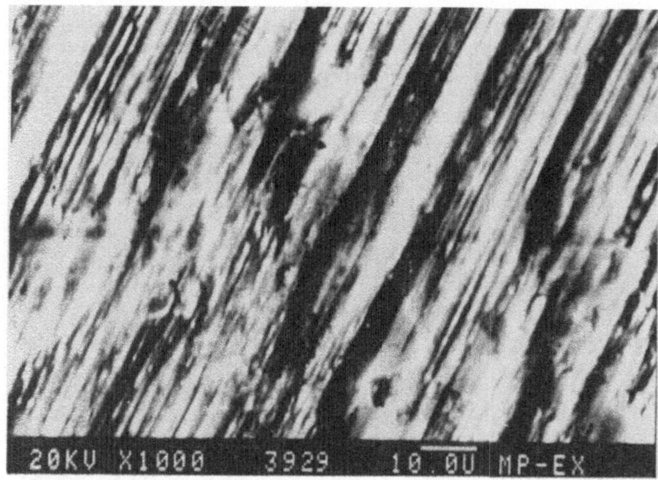

Bild 77: REM-Aufnahme einer angelassenen stickstoffimplantierten Stauchbahn $(6 \cdot 10^{17}\,\mathrm{N^+cm^{-2}},\ 130\,\mathrm{keV},\ \vartheta_A = 250\,°\mathrm{C}\ (2{,}5\ \mathrm{h}))$ nach 20 000 gefertigten Teilen. Ausschnitt: Zone maximalen Verschleißes mit überwiegendem Abrasionsverschleiß; Ausschnitt aus Bild 76. Vgl. Bild 25

in der Matrix berücksichtigt werden. Zusätzlich zu der allgemein günstigeren Verschleißbeständigkeit der Matrix nach Ionenstrahlbehandlung ist es denkbar, daß punktuell besonders hohe Verschleißfestigkeiten gefunden werden. Dies könnte das Auftreten von äußerst kleinen verschleißbeständigen Partikeln in der Randzone des Werkzeugs erklären.

Außerdem ist eine Härtung von sehr kleinen und fein verteilten Phasen denkbar, insbesondere durch den Anlaßvorgang. Hierdurch wäre eine Härtesteigerung und entsprechend eine Zunahme der Verschleißbeständigkeit zu erklären, wie sie allein durch die Härtezunahme von groben Primärphasen nicht erzielbar wäre.

Die Verschleißerscheinungsform mit Furchungsverschleiß entsprechend kleinen Riefen um Einschlüsse ist typisch für die Zone maximalen Verschleißes der ionenstrahlbehandelten Stauchbahnen.

8.1.3.2 Napf-Rückwärts-Fließpressen

Die rasterelektronenmikroskopischen Aufnahmen der Werkzeuge zur qualitativen Bewertung ihrer Oberfläche konnten jeweils erst nach Versuchsende und Heraustrennen relativ kleiner Bereiche des Werkzeugs gewonnen werden. Verschleißentwicklungen am selben Werkzeug ließen sich daher mit diesem Hilfsmittel nicht aufzeigen. Da die Werkzeugmikrogeometrie auf die Oberfläche der umgeformten Werkstücke abgebildet wird, besteht mit Einschränkungen die Möglichkeit, die Oberflächenveränderung des Werkzeugs in Abhängigkeit von der gefertigten Stückzahl zu verfolgen.

Hierzu wurden beim Napf-Rückwärts-Fließpressen bei bestimmten Stückzahlen Näpfe aus der Fertigung entnommen. Diese Näpfe wurden aufgetrennt und sowohl mit Schmierstoffschicht als auch nach Entfernen der Schmierstoffschicht fotografiert, siehe Bilder 78, 79 und 80.

Die Beispiele wurden so gewählt, daß Näpfe aus einer Fertigung ohne Verschleißreduzierung gegenüber dem Referenzwerkzeug gezeigt werden (Bild 78), sowie solche, die mit nennenswerter Verschleißreduzierung nach Ionenimplantation (Bild 79) und schließlich solche, die mit sehr guter Verschleißminderung (Implantation und Anlaßbehandlung, Bild 80) gefertigt wurden.

Der borimplantierte Fließpreßstempel hatte gegenüber dem Referenzwerkzeug keine Verschleißminderung gezeigt, siehe Bild 37. In der linken Spalte von Bild 78 sind die nichtentschichteten Napfinnenwände in logarithmischer Abhängigkeit von der gefertigten Stückzahl in leicht vergrößertem Maßstab gezeigt. Augenscheinlich nehmen die Riefen mit steigendem Durchsatz zu. Zu erkennen ist die Markierung des Fließbundes beim Durchlaufen des unteren Totpunktes. Verglichen mit den Bildern 79 und 80 macht die Oberfläche einen sehr unruhigen Eindruck.

Die entschichteten Napfinnenwände sind sehr gleichmäßig. Bei Versuchsende nach 10 000 gepreßten Näpfen zeigt sich, daß die riefige Struktur des Stempels ansatzweise auch auf der Metalloberfläche zu erkennen ist (Bild 78, rechte Spalte).

Bild 79 zeigt die Napfinnenwände von Näpfen, die mit einem nichtangelassenen N^+/Ag^+-implantierten Fließpreßstempel gefertigt wurden. Die unbehandelten Innenwände wirken wesentlich gleichmäßiger als die aus Bild 78. Deutliche Riefen sind erst bei $n = 1\,000$ Stück zu erkennen, die dann bis zum Versuchsende nicht mehr signifikant gewachsen sind. Der Stempel hatte bis zu etwa 2 500 gepreßten Teilen keinen deutlich meßbaren Verschleiß gezeigt, was offenbar auf die Wirkung der implantierten Silberionen zurückzuführen ist, siehe Bild 40. Parallel zur Riefenausbildung der nichtentschichteten Näpfe ist bei den entschichteten Näpfen ein deutlicher Unterschied im Oberflächenglanz zwischen 100 und 1 000 gefertigten Näpfen erkennbar.

Im Bild 80 sind die Innenwände von Näpfen gezeigt, die mit einem angelassenen stickstoff-/zinnimplantierten Stempel gefertigt wurden. Dieses Werkzeug hatte das beste Ergebnis geliefert, siehe Bild 44. Verglichen mit den Bildern 78 und 79 ergeben sie keine gravierenden Veränderungen. Bei den entschichteten Näpfen sind allerdings keine Riefen zu erkennen. Bei den nichtentschichteten Näpfen sind die Riefen etwa mit denen in Bild 79 vergleichbar.

Die Ergebnisse zeigen, daß von den makroskopisch sichtbaren Riefen keine Rückschlüsse auf die erzielte Verschleißminderung gezogen werden können. Die entschichteten Näpfe zeigen im allgemeinen die gleiche Oberflächenstruktur über die gesamte Durchsatzmenge hinweg.

Stückzahl	Napfinnenwand mit Schmierstoffschicht	Napfinnenwand ohne Schmierstoffschicht
10		
100		
1000		
10000		

Bild 78: Napfinnenwände vor und nach dem Entfernen der Schmierstoffschicht in Abhängigkeit von der gefertigten Stückzahl. Fertigung der Näpfe mit einem borionenimplantierten Fließpreßstempel ($4 \cdot 10^{17}$ B$^+$cm^{-2}, 80 keV). Vgl. Bild 37

Stückzahl	Napfinnenwand mit Schmierstoffschicht	Napfinnenwand ohne Schmierstoffschicht
10		
100		
1000		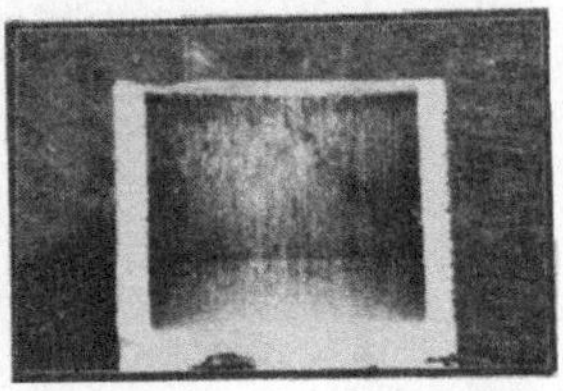
10 000		

Bild 79: Napfinnenwände vor und nach dem Entfernen der Schmierstoffschicht in Abhängigkeit von der gefertigten Stückzahl. Fertigung der Näpfe mit einem stickstoff- und silberionenimplantierten Fließpreßstempel ($6 \cdot 10^{17}$ $B^+ cm^{-2}$, 150 keV, und $1 \cdot 10^{17}$ $Ag^+ cm^{-2}$, 150 keV). Vgl. Bild 40

- 136 -

Stückzahl	Napfinnenwand mit Schmierstoffschicht	Napfinnenwand ohne Schmierstoffschicht
10		
100		
1000		
10 000		

Bild 80: Napfinnenwände vor und nach dem Entfernen der Schmierstoffschicht in Abhängigkeit von der gefertigten Stückzahl. Fertigung der Näpfe mit einem angelassenen stickstoff- und zinnionenimplantierten Fließpreßstempel ($6 \cdot 10^{17}\,B^+\,cm^{-2}$, 150 keV, und $7 \cdot 10^{16}\,Sn^+\,cm^{-2}$, 150 keV. Anlaßtemperatur für die implantierte Randzone: $\dot{\vartheta}_A \approx 230\,°C$ (8 h)). Vgl. Bild 44

Rückschlüsse von diesen Beobachtungen auf meßbare Oberflächenkennwerte sind offenbar nicht möglich. Wie die Bilder 61 bis 64 gezeigt hatten, nehmen die Rauheitswerte unmittelbar nach Beginn der Fertigung relativ hohe Werte an und streben dann einem Grenzwert zu, der unabhängig vom Verschleißergebnis relativ konstant ist. Solange die Schmierstoffschicht als ausreichendes Polster vorhanden ist, bleiben die Rauheitswerte der entschichteten Näpfe nahezu konstant, unabhängig von der Verschleißminderung und der Durchsatzmenge.

Rasterelektronenmikroskopische Aufnahmen von Stempeloberflächen werden hier nur exemplarisch an Hand von drei ausgewählten Werkzeugen gezeigt. Eine Übersicht über den Fließbund mit der durch den Fließbundradius gekennzeichneten toroidförmigen Übergangsfläche und der Stempelstirnseite als Wirkfläche eines angelassenen stickstoffimplantierten Fließpreßstempels nach der üblichen Versuchsdurchsatzmenge von 10 000 gefertigten Teilen zeigt Bild 81.

Bild 81: REM-Aufnahme eines angelassenen stickstoffimplantierten Fließpreßstempels $(5 \cdot 10^{17}\,N^+cm^{-2}$, 130 keV; $\vartheta_A = 250\,°C$ (2,5 h)) nach 10 000 gefertigten Teilen. Ausschnitt: Fließbund, Fließbundradius und Wirkfläche (Stempelstirnseite). Vgl. Bild 39

Das Werkzeug hatte nach Stickstoffimplantation und Anlaßbehandlung eine deutliche Verschleißminderung — verglichen mit einem nichtimplantierten Stempel — erzielt. Im Bereich des Fließbundradius treten einige Phasen offensichtlich wegen ihrer deutlich höheren Verschleißbeständigkeit hervor (vgl. entsprechende Effekte in REM-Aufnahmen der Stauchbahnen), während der Fließbund selbst eine zwar riefige, aber sehr feine Struktur zeigt.

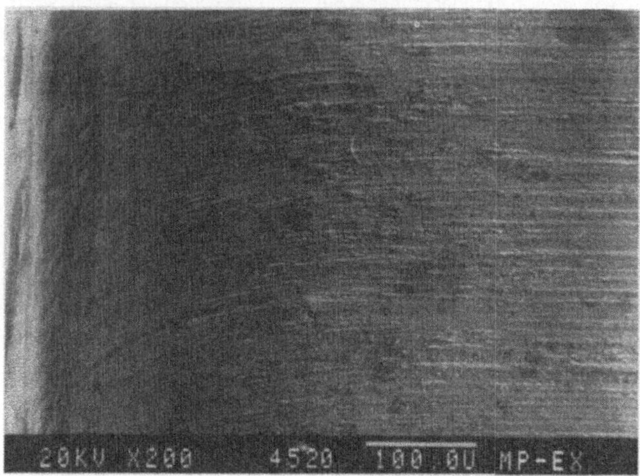

Bild 82: REM-Aufnahme eines angelassenen stickstoffimplantierten Fließpreßstempels $(5 \cdot 10^{17}\,N^+cm^{-2}$, 130 keV; $\vartheta_A = 250\,°C$ (2,5 h)) nach 10 000 gefertigten Teilen. Ausschnitt: Fließbund, Fließbundradius und Wirkfläche (Stempelstirnseite); Ausschnitt aus Bild 81. Vgl. Bild 39

Bild 82 gibt einen Ausschnitt des Fließbundradius aus Bild 81 wieder. Man erkennt, wie Riefen in radialer Fließrichtung verlaufend von der Wirkfläche über den Fließbundradius zur Fließbundoberfläche verlaufen. Viele Phasen, die durch Implantation und Anlassen verschleißbeständiger geworden sind (z. B. Carbonitride anstelle von Carbiden), treten erhaben aus der Werkzeugoberfläche hervor und verhindern so den fortschreitenden Verschleiß. Dies wird besonders an den Stellen deutlich, wo Riefen an solchen Einschlüssen enden, weil hier lokal dem Verschleiß besonders wirksam widerstanden wurde. Ähnlich wie bei Stauchbahnen, die nach Implantations- und Anlaßbehandlung besonders gute Ergebnisse zeigten, erkannt man auch hier, daß die in Fließrichtung hinter den harten Einschlüssen befindlichen Bereiche des Matrixmaterials nicht so stark angegriffen werden, wie der Rest der Matrix, und daß diese Matrixvolumina gleichzeitig die harten Phasen abstützen, vgl. Kapitel 4 und Abschnitt 8.1.3.1.

Der Einfluß der verschiedenen Ionenstrahlbehandlungen auf die Fließbundoberfläche kann an Hand der folgenden Bilder deutlich gemacht werden.

Bild 83 zeigt die Fließbundoberfläche eines nichtangelassenen stickstoffimplantierten Fließpreßstempels nach 10 000 gefertigten Teilen. Dieser Stempel hatte keine nennenswerte Verschleißminderung gegenüber dem nichtimplantierten Werkzeug aufgewiesen, siehe Bild 38. Man erkennt deutlich Spuren von Werkstoffübertrag durch Adhäsion. Die entstandenen Partikel wirken offensichtlich stark abrasiv. Die Verschleißmechanismen sind demnach hier – zumindest nach 10 000 gefertigten Teilen – die gleichen wie bei nichtimplantierten Werkzeugen, siehe Abschnitt 6.1.2.

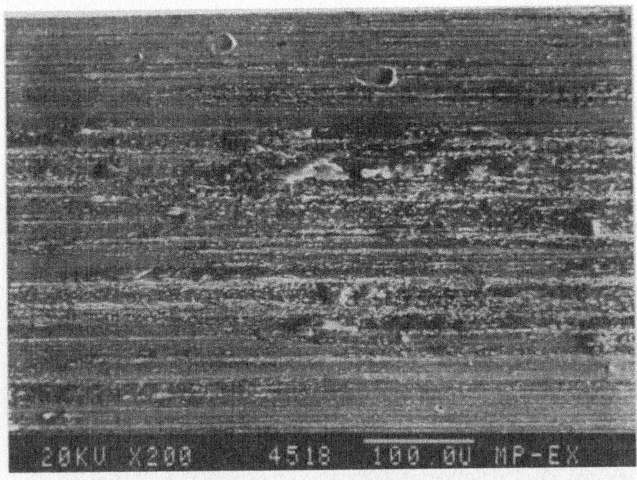

Bild 83: REM-Aufnahme eines stickstoffimplantierten Fließpreßstempels $(6 \cdot 10^{17}$ N$^+$cm^{-2}, 100 keV) nach 10 000 gefertigten Teilen. Ausschnitt: Fließbundoberfläche. Vgl. Bild 38

Eine zusätzliche Implantation mit Metallionen führt im allgemeinen zu einer Verschleißminderung, besonders im Bereich kleiner Durchsatzmengen. Im Bild 84 ist die Fließbundoberfläche eines stickstoff- und silberionenimplantierten Werkzeugs nach 10 000 gefertigten Teilen wiedergegeben. Der adhäsive Werkstoffübertrag ist, verglichen mit dem Ergebnis aus Bild 83, gering. Dieser Stempel hatte erst nach etwa 2 500 gefertigten Teilen einen deutlich meßbaren Verschleiß gezeigt, vgl. Bild 40. Die äußerst geringe Verschleißrate bis zu dieser Durchsatzmenge von nur 120 pm/Stck ist offenbar auf die Anwesenheit der implantierten Silberatome zurückzuführen.

Die Silberionen haben im Vergleich zu den wesentlich leichteren Stickstoffionen eine deutlich geringere mittlere projizierte Reichweite, vgl. Abschnitt 5.3.2.1 [61]; sie beträgt etwa nur ein Zehntel des Wertes der Stickstoffionen. Die erhöhte Verschleißminderung durch die implantierten Silberatome, insbesondere zu Beginn des Versuchs, beeinflußt wahrscheinlich das Einlaufverhalten dadurch, daß Adhäsion wirksam verhindert wird. Infolgedessen entstehen wenig harte Partikel, die zu Abrasion führen könnten. Durch das Ausbleiben dieser Teilchen bleibt die Verschleißrate extrem niedrig.

Auch nach einer Zunahme der Verschleißrate auf Werte, die denjenigen von stickstoffimplantierten Stempeln entsprechen, scheint die adhäsionshemmende Wirkung noch anzuhalten (siehe Bild 84). Die Rauheitsmeßgrößen der beiden Werkzeuge aus Bild 83 und 84 sind nach 10 000 gefertigten Teilen annähernd gleich, da auch die Verschleißraten bei Versuchsende nahezu gleich groß waren, vgl. Bild 59.

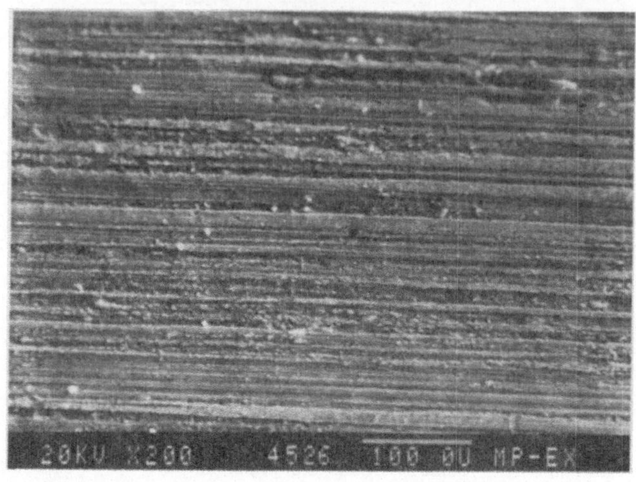

Bild 84: REM-Aufnahme eines stickstoff- und silberionenimplantierten Fließpreßstempels $(6 \cdot 10^{17}\,N^+\,cm^{-2}$, 150 keV und $1 \cdot 10^{17}\,Ag^+\,cm^{-2}$, 150 keV) nach 10 000 gefertigten Teilen. Ausschnitt: Fließbundoberfläche. Vgl. Bild 40

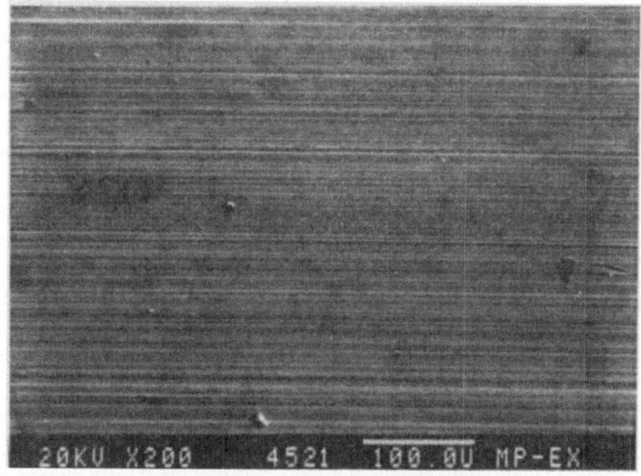

Bild 85: REM-Aufnahme eines angelassenen stickstoffimplantierten Fließpreßstempels $(5 \cdot 10^{17}\,N^+\,cm^{-2}$, 130 keV; $\vartheta_A^* = 250\,°C$ (2,5 h)) nach 10 000 gefertigten Teilen. Ausschnitt: Fließbundoberfläche; Ausschnitt aus Bild 81. Vgl. Bild 39

Bild 85 zeigt die Fließbundoberfläche eines stickstoffimplantierten und angelassenen Fließpreßstempels nach Versuchsende. Es sind keine Spuren von Adhäsionsverschleiß zu erkennen. Die Einflüsse der Anlaßbehandlung wurden bereits in Kapitel 4 diskutiert. Harte Einschlüsse werden besser mit der Matrix verbunden; es können zum Teil amorphe Strukturen entstehen [118]. Ferner können Versetzungsnetzwerke, ähnlich wie beim Kaltumformen, entstehen [99]. Zudem entstehen Druckeigenspannungen an der Werkzeugoberfläche [103]. Die Summe dieser Eigenschaftsveränderungen führt dazu, daß Adhäsion zwischen Werkzeug und Werkstück vollkommen unterbunden wird.

Wegen des Ausbleibens der Adhäsion und ihrer negativen Folgeerscheinungen hinsichtlich des Werkzeugverschleißes sowie der Steigerung der Härte, Zähigkeit und Druckeigenspannungen resultiert – zumindest verglichen mit der Dicke der behandelten Randzone – eine äußerst verschleißfeste und widerstandsfähige Werkzeugoberfläche. Entsprechend dem geringeren Verschleiß des hier gezeigten Stempels (vgl. Bild 39) ist auch die Oberflächenrauheit nach Versuchsende kleiner als bei den nichtangelassenen Stempeln aus Bild 83 und 84, vgl. auch Bild 59.

Vergleicht man die Ergebnisse der Verschleißversuche und die Bilder der REM-Untersuchungen, so zeigt sich, daß sowohl in Bezug auf die Verschleißminderung als auch bezüglich der qualitativen Beurteilung mit dem Rasterelektronenmikroskop die Ergebnisse des stickstoffimplantierten und bei optimaler Anlaßtemperatur behandelten Werkzeugs die besten Werte liefern. Dies kommt der Praxis auch sehr entgegen, da eine Stickstoffimplantation mit anschließender Anlaßbehandlung wesentlich einfacher abläuft als eine Mehrfachimplantation, insbesondere mit Metallionen (vgl. Kapitel 4).

Die hier durchgeführten Untersuchungen an Hand von REM-Aufnahmen stellen zwar kein Instrument zur quantitativen Bewertung des Verschleißes am konkreten Werkzeug dar. Andererseits können aber mit Hilfe dieser Technik Zusammenhänge zwischen den verschleißmindernden Eigenschaften verschieden behandelter Oberflächen in qualitativer Form sehr gut beurteilt werden.

8.2 Wirtschaftlichkeitsbetrachtungen des Einsatzes von Ionenstrahltechniken in der Umformtechnik

Zur Wirtschaftlichkeit der Verschleißminderung von Umformwerkzeugen mit Hilfe von Ionenstrahltechniken lassen sich bisher nur relativ vage Aussagen treffen. Dies liegt daran, daß es außer Ionenimplantern zur Dotierung von Halbleitern noch keine Seriengeräte für tribologische Anwendungen gibt, die in ausreichender Stückzahl im Einsatz sind und eine Beurteilung der tribologischen Eigenschaften ionenstrahlbehandelter Werkzeuge auf einer hinreichend großen Datenbasis ermöglichen.

Im angelsächsischen Bereich gibt es vereinzelt Abschätzungen in der Literatur über die zu erwartenden Kosten. So ist für eine Implantationsanlage mit einer Investition zwischen 200 000 und 1 000 000 US$ zu rechnen [68]. Geht man von einem Abschreibungszeitraum von 5 Jahren für eine Maschine, die 200 000 $ kostet, aus, und berücksichtigt die Kapitalkosten, Lohn für Bedienungspersonal sowie Betriebs- und Wartungskosten, dann ergeben sich jährliche Ausgaben von 140 000 $. Dies ergibt bei einschichtigem Betrieb etwa 80 $/h (1 750 h/a), bei zweischichtigem Betrieb 46 $/h und bei dreischichtigem Betrieb 34 $/h [209].

Dearnaley zieht als Beispiel für die absoluten Implantationskosten die Ionenimplantation von Ziehsteinen aus Hartmetall heran [210]. In einer Targetkammer üblicher Abmessung lassen sich beispielsweise mit einer Beschickung etwa 70 Werkzeuge implantieren. Dabei kostet die Implantation etwa 2 bis 3 £ je Ziehstein. Kann man vor dem Einbau die Kerne der Ziehsteine ohne Fassung implantieren, so sinken die Kosten je Werkzeug wegen der größeren Packungsdichte in der Targetkammer auf etwa 30 bis 50 p.

Oftmals werden die gesamten Implantationskosten auf die implantierte Oberfläche bezogen. In verschiedenen Veröffentlichungen Anfang bis Mitte der achtziger Jahre wird darauf hingewiesen, daß durchschnittliche Kosten von 3 bis 10 ¢/cm^2 bei großtechnischer Anwendung zukünftig erreichbar sein sollten [68, 211]. Jüngste Angaben aus Deutschland beziffern die Kosten für Ionenimplantationen für tribologische Anwendungen auf $\leq$ 10,– DM/cm^2, die Kosten für Ionenstrahlgestütztes Beschichten (IBAD) auf 1,– bis 4,– DM/cm^2 [212]. Als realistische Kosten sind zur Zeit Maschinenstundensätze von 300 bis 600 DM und spezifische Implantationskosten von 0,50 bis 2,– DM/cm^2 anzusetzen [213].

Bezieht man diese Angaben auf Fließpreßstempel, wie sie bei den Versuchen verwendet wurden, so kann folgende Abschätzung gelten. Bei Serienfertigung der Stempel ab einer Losgröße von mindestens 50 Werkzeugen betragen die Herstellkosten etwa 45 DM/Stck. Nimmt man an, daß etwa 10 cm^2 des Stempels implantiert werden müssen (Wirkfläche, Fließbund und Schaft bis zu einer Höhe von etwa 10 mm), so ergibt sich je nach angenommenen spezifischen Implantationskosten eine Erhöhung der Herstellkosten um den Faktor 1,1 bis 1,4. Bei kleineren Losgrößen der zu implantierenden Werkzeuge ergeben sich günstigere Faktoren wegen der höheren Herstellkosten vor der Implantation.

Vergleicht man diese Werte mit Angaben von *Westheide*, der die Herstellkosten für verschiedene Beschichtungsverfahren an Hand eines Fließpreßstempels verglich, so ergibt sich, daß die Kosten einer Ionenstrahlbehandlung etwa mit den Kosten verschiedener Nitrierverfahren vergleichbar sind. Im ungünstigen Fall sind die Kosten mit denen des Borierens vergleichbar. Das Vanadieren, sowie die PVD- und CVD-Verfahren führen zu höheren Herstellkosten [17].

Wegen der niedrigen Behandlungstemperatur, der fehlenden Notwendigkeit einer Nachbearbeitung und daher absoluten Maßhaltigkeit sowie der Wiederholbarkeit der Bestrahlung bieten sich die Ionenstrahltechniken an, die herkömmlichen Beschichtungsverfahren um einige interessante Varianten zu ergänzen und einige Anwendungsfälle in der Umformtechnik, insbesondere bei Werkzeugen mit feingliedrigen Strukturen, erstmals mit der Möglichkeit einer verschleißmindernden Technik zu verbessern.

Anhang

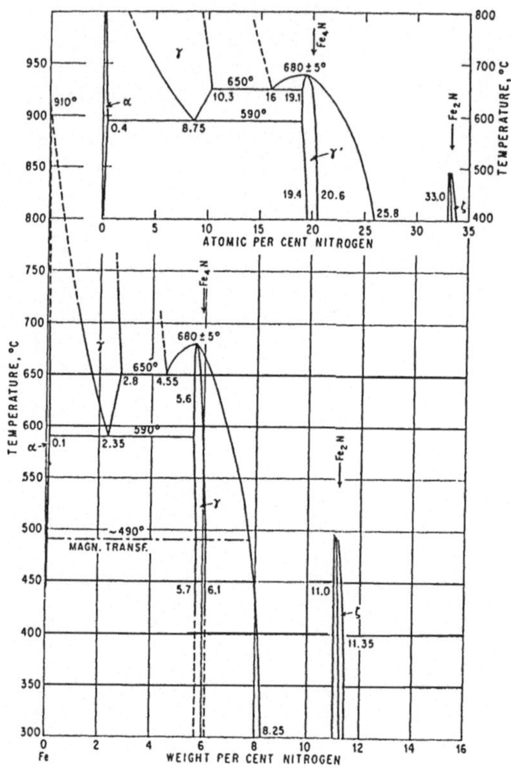

Bild A1: Zustandsdiagramm Fe-N. Nach [154]

Tabelle A1: Die wichtigsten Eisennitride und deren Spezifikationen. Nach [137]

Eisennitrid	Spezifikation
γ'-Nitrid	Stöchiometrische Zusammensetzung des Fe_4N: 5,88 % N Existenzbereich: 5,7 bis 6,1 % N kubisch-flächenzentriert
ε-Nitrid	$Fe_{2-3}N$: 7,8 bis 11,3 % N hexagonal
ζ-Nitrid	Fe_2N: 11,1 bis 11,35 % N orthorhombisch
α''-Nitrid	$Fe_{16}N_2$: 3 % N tetragonal-raumzentriert metastabil; Ausscheidung aus übersättigtem α-Mischkristall

Tabelle A2: Nitride verschiedener Elemente. Nach [137]

Element	Formel des Nitrids	Stickstoffgehalt im Nitrid in Masse-%	Gittertyp
V	VN	21,6	flächenzentriert
W	W_2N	3,6	flächenzentriert
Cr	CrN	21,2	flächenzentriert
	Cr_2N	11,8	hexagonal
Mo	MoN	12,7	hexagonal
	Mo_2N	6,8	flächenzentriert
Mn	MnN	20,3	flächenzentriert
	Mn_2N	11,3	hexagonal
	$Mn_4N(\delta)$		flächenzentriert
	$Mn_4N(\varepsilon)$		flächenzentriert
Si	α-Si_3N_4	39,9	hexagonal
	β-Si_3N_4		hexagonal

Tabelle A3: Chemische Zusammensetzung des verwendeten Werkstückwerkstoffes 20 MnCr 5.

Charge	C	Si	Mn	P	S	Cr
	Masse-%					
1	0,20	0,20	1,30	0,015	0,027	1,18
2	0,19	0,18	1,34	0,016	0,024	1,22

Tabelle A4: Übersicht zu den Versuchen beim Stauchen zwischen ebenen Bahnen.

Ionenimplantation			Anlaßbedingungen		Werkzeugwerk-stoff
Implantat	Dosis	Energie	Tempera-tur	Dauer	
	cm^{-2}	keV	°C	h	
N^+	$6 \cdot 10^{17}$	150	–	–	X 155 CrVMo 12 1
N^+	$6 \cdot 10^{17}$	130	200	2,5	X 155 CrVMo 12 1
N^+	$6 \cdot 10^{17}$	130	250	2,5	X 155 CrVMo 12 1
N^+	$6 \cdot 10^{17}$	130	300	2,5	X 155 CrVMo 12 1
B^+	$6 \cdot 10^{17}$	150	–	–	X 155 CrVMo 12 1
B^+	$1 \cdot 10^{17}$	60	200	2,5	S 6-5-2
B^+	$1 \cdot 10^{17}$	60	250	2,5	X 40 CrMoV 5 1
B^+	$1 \cdot 10^{17}$	60	300	2,5	S 6-5-2
B^+	$2 \cdot 10^{17}$	60	250	2,5	X 40 CrMoV 5 1
Ti^+ / C^+	$5 \cdot 10^{16}$ / $5 \cdot 10^{16}$	120 / 30	–	–	S 6-5-2
Ti^+ / N^+ / N^+	$5 \cdot 10^{16}$ / $5 \cdot 10^{16}$ / $5 \cdot 10^{16}$	120 / 60 / 25	–	–	S 6-5-2
ionenstrahlgemischt: 100 nm Bor aufgedampft			–	–	X 40 CrMoV 5 1
N^+	$6 \cdot 10^{17}$	150			
ionenstrahlgemischt: 100 nm Bor aufgedampft			–	–	X 40 CrMoV 5 1
Ar^{2+}	$5 \cdot 10^{16}$	360			

Tabelle A5: Übersicht zu den Versuchen beim Napf-Rückwärts-Fließpressen

Ionenimplantation			Anlaßbedingungen		Werkzeug-werkstoff
Implantat	Dosis	Energie	Temperatur	Dauer	
	cm^{-2}	keV	°C	h	
B^+	$4 \cdot 10^{17}$	80	–	–	S 6-5-2
N^+	$6 \cdot 10^{17}$	100	–	–	S 6-5-2
N^+	$5 \cdot 10^{17}$	130	250	2,5	S 6-5-2
N^+	$6 \cdot 10^{17}$	150	–	–	S 6-5-2
Ag^+	$1 \cdot 10^{17}$	150			
N^+	$6 \cdot 10^{17}$	150	–	–	S 6-5-2
Sn^+	$3,6 \cdot 10^{16}$	150			
N^+	$6 \cdot 10^{17}$	150	230	8	S 6-5-2
Ag^+	$5 \cdot 10^{16}$	150			
N^+	$6 \cdot 10^{17}$	150	250	2,5	S 6-5-2
Ag^+	$2 \cdot 10^{17}$	150	300	2,5	
N^+	$6 \cdot 10^{17}$	150	230	8	S 6-5-2
Sn^+	$7 \cdot 10^{16}$	150			

Literaturverzeichnis

[1]   Jost, H. P.: **Lubrication (Tribology), Education and Research: A Report on Present Position and Industry's Needs.** Department of Education and Science. London: Her Majesty's Stationary Office 1966.

[2]   Bundesministerium für Forschung und Technologie: **Tribologie. Reibung — Verschleiß — Schmierung.** Forschungsbericht T 76-38. Bonn: BMFT 1976.

[3]   American Society of Mechanical Engineers: **Strategy for Energy Conservation through Tribology.** New York: ASME Public. Dept. 1978.

[4]   Richter, K.; Bartz, W. J.; Nguyen, N.-T.; Wiedemeyer, J.: **Verluste durch Reibung und Verschleiß.** In: Tribologie. Reibung, Verschleiß, Schmierung. 1. Fortschreibung der Studie Tribologie. Bestandsaufnahme und Orientierungsrahmen zu dem Forschungs- und Entwicklungsschwerpunkt des BMFT. Hrsg.: Projektträgerschaft „Metallurgie, Werkstoffentwicklung, Rückgewinnung" des BMFT bei der DFVLR, Köln 1985. S. 19 − 45.

[5]   Lange, K.; Neitzert, Th.; Westheide, H.: **Möglichkeiten moderner Umformtechnik.** wt − Z. ind. Fertig. 73 (1983) S. 349 − 358.

[6]   Schröder, G.: **Fortschrittliche Werkzeugtechnik in der modernen Fertigung.** Tech. Rundsch. 76 (1984) 48, S. 28 − 35 und 77 (1985) 5, S. 22 − 27.

[7]   Schröder, G.: **Methoden der Bruchmechanik zur Lebensdauervorhersage bei Umformwerkzeugen.** wt − Z. ind. Fertig. 74 (1984) S. 207 − 210.

[8]   DIN 50 320. **Verschleiß; Begriffe, Systemanalyse von Verschleißvorgängen, Gliederung des Verschleißgebietes.** Berlin; Köln: Beuth Dez. 1979.

[9]   Lange, K. (Hrsg.): **Umformtechnik. Handbuch für Industrie und Wissenschaft. Band 1: Grundlagen.** Berlin; Heidelberg; New York; Tokyo: Springer 1984.

[10]   Kloos, K. H.: **Der Reibungs- und Adhäsionsvorgang in der Kaltmassivumformung.** Metalloberfläche 16 (1962) S. 101 − 108.

[11]   Lange, K. (Hrsg.): **Umformtechnik. Handbuch für Industrie und Wissenschaft. Band 2: Massivumformung.** Berlin; Heidelberg; New York; London; Paris; Tokyo: Springer 1988.

[12]   Geiger, R.: **Stand und Entwicklungstendenzen beim Kalt-Fließpressen von Stahl.** Werkstatt Betr. 118 (1985) S. 321 − 327.

[13]   Geiger, R.: **System zum Erfassen und Senken des Werkzeugverbrauchs beim Kaltmassivumformen.** wt − Z. ind. Fertig. 69 (1979) 763 − 769.

[14]   Reiss, W.: **Untersuchung des Werkzeugbruches beim Voll-Vorwärts-Fließpressen.** Ber. a. d. Inst. Umformtech., Univ. Stuttgart, Nr. 94. Berlin; Heidelberg; New York; London; Paris; Tokyo: Springer 1987.

[15]   Weiergräber, M.: **Werkzeugverschleiß in der Massivumformung.** Ber. a. d. Inst. Umformtech., Univ. Stuttgart, Nr. 73. Berlin; Heidelberg; New York; Tokyo: Springer 1983.

[16]   Nehl, E.: **Messung des Werkzeugverschleißes bei der Kalt- und Halbwarmumformung mit Radionukliden.** Ber. a. d. Inst. Umformtech., Univ. Stuttgart, Nr. 82. Berlin; Heidelberg; New York; Tokyo: Springer 1986.

[17]   Westheide, H.: **Einfluß von Oberflächenbeschichtungen auf den Werkzeugverschleiß bei der Massivumformung.** Ber. a. d. Inst. Umformtech., Univ. Stuttgart, Nr. 87. Berlin; Heidelberg; New York; Tokyo: Springer 1986.

[18]   Czichos, H.: **Systemanalyse und Physik tribologischer Vorgänge.** Tl. 1: Grundlagen; Tl. 2: Anwendungen. Schmiertech. Tribol. 22 (1975) S. 126 – 130; 23 (1976) S. 6 – 12.

[19]   Krause, H.; Scholten, J.: **Verschleiß – Grundlagen und systematische Behandlung.** VDI-Z 121 (1979) S. 799 – 806 u. S. 1221 – 1229.

[20]   Habig, K.-H.: **Grundlagen des Verschleißes von Werkstoffen und Richtlinien zur Bearbeitung von Verschleißfällen.** In: Kunst, H. et al.: Verschleiß metallischer Werkstoffe und seine Verminderung durch Oberflächenschichten. Grafenau: expert 1982.

[21]   Frey, H.; Kienel, G.: **Dünnschichttechnologie.** Düsseldorf: VDI 1987.

[22]   Czichos, H.: **Experimentelle Methoden zur Untersuchung tribologischer Effekte im Mischreibungsgebiet.** In: VDI-Berichte 156. Düsseldorf: VDI 1970. S. 5 – 18.

[23]   Broszeit, E.: **Modell-Verschleißprüftechnik.** In: VDI-Berichte 194. Düsseldorf: VDI 1973. S. 45 – 56.

[24]   Habig, K.-H.: **Möglichkeiten der Modell-Verschleißprüfung.** Materialprüf. 17 (1975) S. 358 – 365.

[25]   Heinke, G.; Heinz, R.; Thiel, I.: **Betriebserfahrungen mit tribologischen Modell- und Bauteilversuchen.** Schmiertech. Tribol. 28 (1981) S. 82 – 86.

[26]   Kudo, H.; Tsubouchi, M.: **Development of a Simulation Testing Machine of Friction and Wear Characteristics of Lubricant and Tool for Extrusion and Forging.** CIRP Ann. 24/1 (1975) S. 185 – 189.

[27]   Kudo, H.; Tsubouchi, M.; Fukuhara, Y.; Ito, Y.: **Determination of Friction and Wear Characteristics of some Lubricants and Tool Materials for Cold Forging with the Simulation Testing Machine.** CIRP Ann. 28/1 (1979) S. 159 — 163.

[28]   Wuttke, W.: **Modelluntersuchungen für Reibungs- und Verschleißprozesse bei Verfahren der Massivumformung.** Schmierungstechnik 7 (1976) S. 365 — 367, 371.

[29]   Pursche, G.: **Zur Prognostizierung des Verschleißverhaltens von Verschleißschutzschichten.** Neue Hütte 30 (1985) S. 1 — 6.

[30]   Czichos, H.: **Die systemtechnischen Grundlagen der Tribologie.** Schmiertech. Tribol. 24 (1977) S. 109 — 113.

[31]   Czichos, H.: **Tribology.** Amsterdam; Oxford; New York: Elsevier 1978.

[32]   Czichos, H.: **Systemtechnische Analyse und Beschreibung von Verschleißvorgängen.** Z. Metallkde. 71 (1980) S. 421 — 426.

[33]   Heinke, G.: **Verschleiß — eine Systemeigenschaft. Auswirkungen auf die Verschleißprüfung.** Z. Werkstofftech. 6 (1975) S. 164 — 169.

[34]   Schmidt, W.: **Aussagen über Verschleißmessungen.** Schmiertech. Tribol. 19 (1972) S. 53 — 57.

[35]   Uetz, H.; Sommer, K.; Khosrawi, M. A.: **Übertragbarkeit von Versuchs- und Prüfergebnissen bei abrasiver Verschleißbeanspruchung auf Bauteile.** In: VDI-Berichte 354. Düsseldorf: VDI 1979. S. 107 — 124.

[36]   Krause, H.; Senuma, T.: **Übertragbarkeit von Verschleißversuchsergebnissen in die Praxis.** Tribol. Schmierungstech. 30 (1983) S. 340 — 347.

[37]   Ali, S. M. J.; Rooks, B. W.; Tobias, S. A.: **The Effect of Dwell Time on Die Wear in High-Speed Hot Forging.** Proc. Inst. Mech. Eng. 185 (1971) S. 1171 — 1186.

[38]   Melching, R.: **Untersuchungen über Verschleiß, Reibung und Schmierung beim Gesenkschmieden.** Schmiertech. Tribol. 27 (1980) 3, S. 79 — 85.

[39]   Joost, H.-G.: **Beschichten von Schmiedegesenken.** In: Tagungsband „9. Umformtechnisches Kolloquium". Hannoversches Forschungsinstitut für Fertigungsfragen e. V. Hannover 1977.

[40]   Felder, E.; Montagut, J. L.: **Friction and Wear During the Hot Forging of Steels.** Tribology (1980) S. 61 — 68.

[41]   Felder, E.; Renaudin, J.-F.; Thore, Y.: **The Tribology of a Simple Hot Forging Process: Influence of Lubrication and Nitriding Treatment.** In: Proc. 1st Int. Conf. on Technology of Plasticity, Vol. I: Tokio 1984.

[42]   Bergel, K.; Leidel, B.: **Vergleichende Untersuchung von verschieden nitrierten Werkzeugstählen und Standmengenvergleich von Gesenken aus Warmarbeitsstählen.** Härterei-Tech. Mitt. 35 (1980) S. 11 – 16.

[43]   Razim, C.: **Moderne Methoden praktischer Verschleißprüfung.** In: VDI-Berichte 194. Düsseldorf: VDI 1973. S. 33 – 43.

[44]   Wagner, K.: **Die Anwendung von Radionukliden auf Verschleiß- und Schmierungsuntersuchungen. (Zusammenfassender Bericht).** Isotopenpraxis 4 (1968) 3, S. 85 – 94.

[45]   Schubert, F.: **Verschleißerkennung an Werkzeugen durch Nutzung der Mikroisotopenmethode.** Fertigungstech. Betr. 35 (1985) 1, S. 38 – 40.

[46]   Gervé, A. J.: **Moderne Möglichkeiten der Verschleißmessung mit radioaktiven Isotopen.** Z. Werkstofftech. 3 (1972) S. 81 – 86.

[47]   **Verordnung über den Schutz vor Schäden durch ionisierende Strahlen. (Strahlenschutzverordnung – StrlSchV); vom 13. Oktober 1976 (BGBl. I S. 2905; 1977 I S. 184, 269).

[48]   Schlowag, E.; Quaas, J.: **Untersuchungen zum Verschleißverhalten von Stempeln beim Rückwärts-Kaltfließpressen von Näpfen mittels radioaktiver Isotope.** Umformtech. 9 (1975) 4, S. 14 – 20.

[49]   Lange, K.; Weiergräber, M.: **Investigation of Tool Wear in Bulk Metal Forming by Model Experiments.** CIRP Ann. 33 (1984) 1, S. 179 – 184.

[50]   Nehl, E.: **Wear Test for Bulk Metal Forming Using Radionuclide Technique.** In: Proc. Seventh Int. Congr. Cold Forg. 24 – 26 April 1985. Univ. Birmingham, England: 1985.

[51]   Westheide, H.: **Verschleiß beschichteter Umformwerkzeuge beim Kaltmassivumformen.** wt – Z. ind. Fertig. 75 (1985) 611 – 615.

[52]   Habig, K.-H.: **Verschleiß-Schutzschichten – Entwicklungstendenzen zur Optimierung von Eigenschaften und Verfahren.** Metall 39 (1985) S. 911 – 916.

[53]   Habig, K.-H.: **Verschleiß-Schutzschichten. Verfahren, Eigenschaften, Anwendungen.** In: Tribologe: Reibung, Verschleiß, Schmierung. Dokumentation zu dem Forschungs- und Entwicklungsprogramm des BMFT. Hrsg.: Projektträgerschaft „Metallurgie, Werkstoffentwicklung, Rückgewinnung" des BMFT bei der DFVLR, Köln. Band 7: Oberflächenbehandlung, Bearbeitungsverfahren. Berlin; Heidelberg; New York; Tokyo: Springer 1985. S. 9 – 38.

[54]   Czichos, H.: **Konstruktionselement Oberfläche.** Konstr. 37 (1985) S. 219 – 227.

[55] Habig, K.-H.; Yan, L.: **Rauheits- und Verschleißprüfungen an Verschleiß-Schutz-schichten.** Härterei-Tech. Mitt. 37 (1982) S. 180 – 192.

[56] Habig, K.-H.; Chatterjee-Fischer, R.; Hoffmann, F.: **Adhäsiver, abrasiver und tribo-chemischer Verschleiß von Oberflächenschichten, die durch Eindiffusion von Bor, Vanadin oder Stickstoff in Stahl gebildet werden.** Härterei-Tech. Mitt. 33 (1978) S. 28 – 35.

[57] Kloos, K.-H.; Wagner, E.: **Funktionelle Beschichtungsverfahren, Grundwerkstoff- und Oberflächeneigenschaften.** In: Werkstoffbeeinflussung durch die Weiterver-arbeitung. Tagung, Stuttgart, 1. – 2. April 1976 / VDI-Fachgruppe Werkstofftechnik (VDI-W) mit den VDI-Gesellschaften Produktionstechnik (ADB) und Konstruktion und Entwicklung (VDI-GKE). In: VDI-Berichte 256. Düsseldorf: VDI 1976. S. 99 – 116.

[58] Anon.: **Hart und doch verformbar. Das „Duktil"-Verfahren erzeugt spezielle Chromauflagen.** Ind.-Anz. 109 (1987) 5, S. 24 – 25, 27.

[59] Keller, K.: **Voraussetzungen für den erfolgreichen Einsatz hartstoffbeschichteter Werkzeuge in der Kaltmassivumformung.** wt Werkstattstech. 77 (1987) S. 629 – 634.

[60] Shockley, W.: **U. S. Patent No. 2787, 564 (1957).**

[61] Dearnaley, G.; Freeman, J. H.; Nelson, R. S.; Stephen, J.: **Ion Implantation.** Am-sterdam; London und New York: North-Holland Publishing Company und American Elsevier Publishing Company 1973.

[62] Ryssel, H.; Ruge, I.: **Ionenimplantation.** Stuttgart: Teubner 1978.

[63] Ziegler, J. F.: **Ion Implantation. Science and Technology.** Orlando, FL: Academic Press 1984.

[64] NMAB Committee on Ion Implantation and Competing New Surface Treatment Technologies: **Ion Implantation as a New Surface Treatment Technology.** Report No. NMAB-349. Washington, D. C.: National Materials Advisory Board. National Academy of Sciences 1979.

[65] Hartley, N. E. W.: **Friction and Wear of Ion-Implanted Metals — A Review.** Thin Solid Films 64 (1979) S. 177 – 190.

[66] Herman, H.: **Surface Mechanical Properties — Effects of Ion Implantation.** Nucl. Instrum. Meth. 182/183 (1981) S. 887 – 898.

[67] Wolf, G. K.: **Metallvergütung durch Ionenstrahlen.** Chem.-Ing.-Tech. 54 (1982) S. 23 – 32.

[68] Dearnaley, G.: **Application of Ion Implantation in Metals.** Thin Solid Films 107 (1983) S. 315 – 326.

[69] Wolf, G. K.: **Ionenstrahlen in der Metallforschung.** Metall 38 (1984) S. 402 – 407.

[70] Picraux, S. T.: **Ion Implantation in Metals.** Annu. Rev. Mater. Sci. 14 (1984) S. 335 – 372.

[71] McHargue, C. J.: **Ion Implantation in Metals and ceramics.** Int. Met. Rev. 31 (1986) 2, S. 49 – 76.

[72] Williams, J. S.: **Materials Modification with Ion Beams.** Rep. Prog. Phys. 49 (1986) S. 491 – 587.

[73] Hochman, R. F.: **Ion Implantation.** In: Metals Handbook. Vol. 5, Surface Cleaning, Finishing and Coating. Ninth Edition. Metals Park, OH: Amer. Soc. f. Metals 1982. S. 422 – 426.

[74] Wolf, G. K.: **Beschichten durch Ionenstrahlen.** In: Spur, G.; Stöferle, Th. (Hrsg.): Handbuch der Fertigungstechnik, Band 4/1: Abtragen, Beschichten. München; Wien: Hanser 1987. S. 408 – 419.

[75] Preece, C. M.; Hirvonen, J. K. (Hrsg.): **Ion Implantation Metallurgy.** Pittsburgh, PA: The Metall. Soc. of AIME 1980.

[76] Ashworth, V.; Grant, W. A.; Procter, R. P. M. (Hrsg.): **Ion Implantation into Metals.** Proc. Third Int. Conf. on Modification of Surface Properties of Metals by Ion Implantation. Univ. Manchester, Inst. of Science and Technol., UK, 23 – 26 June, 1981. Oxford; New York; Toronto; Sydney; Paris; Frankfurt am Main: Pergamon 1982.

[77] Hubler, G. K.; Holland, O. W.; Clayton, C. R.; White, C. W. (Hrsg.): **Ion Implantation and Ion Beam Processing of Materials.** Proc. Materials Research Society Symp., Boston, MA, U.S.A., November 14 – 17, 1983, Vol. 27. New York: Elsevier Science Publishing Company 1984.

[78] Kossowski, R.; Singhal, S. C.: **Surface Engineering. Surface Modification of Materials.** Proc. NATO Advanced Study Institute on Surface Engineering, Les Arcs, France, July 3 – 15, 1983. Dordrecht; Boston; Lancaster: Martinus Nijhoff 1984.

[79] Wolf, G. K.; Grant, W. A.; Procter, R. P. M. (Hrsg.): **Proc. Fourth Int. Conf. on Surface Modification of Metals by Ion Beams, Heidelberg, September, 17 – 21, 1984.** In: Mater. Sci. Eng. 69 (1985).

[80] Grant, W. A.; Procter, R. P. M., Whitton, J. L. (Hrsg.): **Proc. Fifth Int. Conf. on Surface Modification of Metals by Ion Beams, Kingston, ONT, Canada, July 7 – 11, 1986.** In: Mater. Sci. Eng. 90 (1987).

[81]   Guzman, L.; Procter, R. P. M.; Wolf, G. K. (Hrsg.): **Proc. Sixth Int. Conf. on Surface Modification of Metals by Ion Beams, Riva del Garda, Italy, September, 12 – 16, 1988.** In: Mater. Sci. Eng. A115 (1989).

[82]   Sioshansi, P.: **Ion Beam Modification of Materials for Industry.** Thin Solid Films 118 (1984) S. 61 – 71.

[83]   Fromson, R. E.; Kossowsky, R.: **Preliminary Results with Ion Implanted Tools.** In: Proc. Ninth North Amer. Manuf. Res. Conf., Philadelphia, PA, U.S.A., May 19 – 22, 1981. Dearborn, MI: Soc. of Manuf. Eng. 1981. S. 403 – 409.

[84]   Sioshansi, P.; Au, J. J.: **Improvements in Sliding Wear for Bearing-grade Steel Implanted with Titanium and Carbon.** In: Wolf, G. K.; Grant, W. A.; Procter, R. P. M. (Hrsg.): Proc. Fourth Int. Conf. on Surface Modification of Metals by Ion Beams, Heidelberg, September, 17 – 21, 1984. In: Mater. Sci. Eng. 69 (1985) S. 161 – 166.

[85]   Singer, I. L.; Jeffries, R. A.: In: Hubler, G. K.; Holland, O. W.; Clayton, C. R.; White, C. W. (Hrsg.): **Ion Implantation and Ion Beam Processing of Materials.** Proc. Materials Research Society Symp., Boston, MA, U.S.A., November 14 – 17, 1983, Vol. 27. New York: Elsevier Science Publishing Company 1984. S. 673.

[86]   Hubler, G. K.; Singer, I. L.; Clayton, C. R.: **Mechanical and Chemical Properties of Titanium-implanted Steels.** In: Wolf, G. K.; Grant, W. A.; Procter, R. P. M. (Hrsg.): Proc. Fourth Int. Conf. on Surface Modification of Metals by Ion Beams, Heidelberg, September, 17 – 21, 1984. In: Mater. Sci. Eng. 69 (1985) S. 203 – 210.

[87]   Drozda, Th. J.: **Ion Implantation.** Manuf. Eng. 94 (1985) 1; S. 51 – 56.

[88]   Dearnaley, G.: **The Effect of Ion Implantation upon the Mechanical Properties of Metals and Cemented Carbides.** Radiat. Eff. 63 (1982) S. 1 – 15.

[89]   Verarbeitungsergebnisse der Firma Zymet Inc., Danvers, MA 01923, U.S.A.

[90]   Fromson, R. E.; Kossowsky, R.: In: Picraux, S. T.; Choyke, W. J.: (Hrsg.): Metastable Materials Formation by Ion Implantation. New York: Elsevier Science Publishing Company 1982. S. 355 – 362.

[91]   Hartley, N. E. W.: In: Ion Implantation Case Studies – Manufacturing Applications. Harwell Report AERE-R 9065 (1978).

[92]   Dearnaley, G.: **Practical Applications of Ion Implantation.** In: Preece, C. M.; Hirvonen, J. K. (Hrsg.): Ion Implantation Metallurgy. Pittsburgh, PA: The Metall. Soc. of AIME 1980. S. 1 – 20. Nachdr. in: J. Met. 34 (1982) 9, S. 18 – 28.

[93]   Schmaltz, G.: **Technische Oberflächenkunde. Feingestalt und Eigenschaften von Grenzflächen technischer Körper, insbesondere der Maschinenteile.** Berlin: Julius Springer 1936.

[94] Haefer, R. A.: **Oberflächen- und Dünnschicht-Technologie. Tl. I: Beschichtungen von Oberflächen.** (Werkstoff-Forschung und -Technik; Bd. 5). Berlin; Heidelberg; New York; London; Paris; Tokyo: Springer 1987.

[95] Leutenecker, R.: **Surface Modification by Ion Beam Techniques.** In: Pulker, H. K. et al.: Wear and Corrosion Resistant Coatings by CVD and PVD. Ehningen: expert 1988.

[96] Hohmuth, K.; Kolitsch, A.; Rauschenbach, B.; Richter, E.: **Beeinflussung mechanischer Eigenschaften durch Ionenimplantation.** Neue Hütte 29 (1984) S. 174 – 178.

[97] Lohmann, W.: **Experimentelle Technik und Anwendungsbeispiele des Ionenstrahlmischens.** In: Ionenstrahlgestützte Dünnschichttechnologien – Fortschritte und Trends. 12. Veranstaltung der Kolloquienreihe des VDI: Moderne Oberflächen- und Dünnschichttechnologien – Verfahren und Anwendungen. 26. und 27. Januar 1988. Düsseldorf: VDI 1988.

[98] Rehn, L. E.; Averback, R. S.; Okamoto, P. R.: **Fundamental Aspects of Ion Beam Surface Modification: Defect Production and Migration Processes.** In: Wolf, G. K.; Grant, W. A.; Procter, R. P. M. (Hrsg.): Proc. Fourth Int. Conf. on Surface Modification of Metals by Ion Beams, Heidelberg, September, 17 – 21, 1984. In: Mater. Sci. Eng. 69 (1985) S. 1 – 11.

[99] Dearnaley, G.; Hartley, N. E. W.: **Ion Implantation into Metals and Carbides.** Thin Solid Films 54 (1978) S. 215 – 232.

[100] Biersack, J. P.: **Calculation of Projected ranges – Analytical Solutions and a Simple General Algorithm.** Nucl. Instrum. Methods 182/183 (1981) S. 199 – 206.

[101] Biersack, J. P.: **Three-Dimensional Distributions of Ion Range and Damage Including Recoil Transport.** In: Campisano, S. U.; Foti, G.; Mazzoldi, P.; Rimini, E. (Hrsg.): Ion Beam Modification of Materials. Proc. Fifth Int. Conf. on Ion Beam Modification of Materials. Catania, Italy, 9 – 13 June 1986. In: Nucl. Instrum. Meth. Phys. Res. B19/20 (1987) S. 32 – 39.

[102] Brice, D. K.: J. Appl. Phys. 46 (1975) S. 3385.

[103] Hartley, N. E. W.: **Surface Stresses in Ion-Implanted Steel.** J. Vac. Sci. Technol. 12 (1975) S. 485.

[104] Brice, D. K.: **Ion Implantation Range and Energy Deposition Distributions.** Vol. 1. New York: IFI/Plenum 1975.

[105] Cheng, Y.-T. et al.: **Influence of Chemical Driving Forces in Ion Mixing of Metallic Bilayers.** Appl. Phys. Lett. 45 (1984) 2, S. 185 – 187.

[106] Hung, L. S.; Mayer, I. W.: **Ion Induced Phase Formation in Metal-Metal and Metal-Silicon Thin Film Structures.** In: Ion Beam Modification of Materials. Proc. Fourth

Int. Conf. on Ion Beam Modification of Materials. Cornell Univ., Ithaca, NY, U.S.A., July 16−20, 1984. In: Nucl. Instrum. Meth. Phys. Res. B7/8 (1985) S. 676−683.

[107] Liu, B. X.: **Ion Mixing and Metallic Alloy Phase Formation.** Phys. Status Solidi (a), appl. Res. 94 (1986) S. 11−34.

[108] Munn, P.; Wolf, G. K.: **Corrosion Behaviour of Ti Surfaces Ion-Beam Alloyed with Pd.** In: Ion Beam Modification of Materials. Proc. Fourth Int. Conf. on Ion Beam Modification of Materials. Cornell Univ., Ithaca, NY, U.S.A., July 16−20, 1984. In: Nucl. Instrum. Meth. Phys. Res. B7/8 (1985) S. 205−211.

[109] Harper, J. M. E. et al.: **Modification of Thin Film Properties by Ion Bombardment During Deposition.** In: Ion Beam Modification of Materials. Proc. Fourth Int. Conf. on Ion Beam Modification of Materials. Cornell Univ., Ithaca, NY, U.S.A., July 16−20, 1984. In: Nucl. Instrum. Meth. Phys. Res. B7/8 (1985) S. 886−892.

[110] Weißmantel, Chr.; Bewilogua, K.; Ebersbach, U.; Erler, H.-J.; Rau, B.: **Wirkprinzipien und Anwendungsmöglichkeiten ionengestützter Beschichtungsverfahren.** Neue Hütte 29 (1984) S. 178−183.

[111] Carter, G.: Radiat. Eff. Let. 43 (1979) S. 193 und 50 (1980) S. 105.

[112] Rauschenbach, B.; Hohmuth, K.: **A Simple Approach to the Analysis of Ion Collision Cascade in Solids Based on the Shock Wave Model.** Phys. Status Solidi (a), appl. Res. 75 (1983) S. 159−168.

[113] Rauschenbach, B.; Hohmuth, K.: **Bildung amorpher Metall-Metalloid-Verbindungen durch Ionenimplantation.** Phys. Status Solidi (a), appl. Res. 72 (1982) S. 667−678.

[114] Hägg, G.: Z. Phys. Chem. B 12 (1931) S. 3.

[115] Grant, N. J.; Giessen, B. C.: **Rapidly Quenched Metals.** Cambridge, MA: MIT Press 1976.

[116] Hohmuth, K.; Rauschenbach, B.; Kolitsch, A.; Richter, E.: **Formation of Compounds by Metalloid Ion Implantation in Iron.** In: Biasse, B.; Destefanis, G.; Gailliard, J. P. (Hrsg.): Ion Beam Modification of Materials. Proc. Third Int. Conf. on Ion Beam Modification of Materials. Grenoble, France, September 6−10, 1982. In: Nucl. Instrum. Meth. 209/210 (1983) S. 249−257.

[117] Rauschenbach, B.; Kolitsch, A.: **Formation of Compounds by Nitrogen Ion Implantation in Iron.** Phys. Status Solidi (a), appl. Res. 80 (1983) S. 211−222.

[118] Föhl, J.; Ruoff, H.: **Transmissionselektronenmikroskopische und mikroanalytische Untersuchungen.** Teilbericht Staatliche Materialprüfungsanstalt, Universität Stuttgart des Abschlußberichtes an den BMFT zum Verbundvorhaben „Oberflächenvergütung durch Ionenimplantation". Berichtszeitraum: 01.02.1985 − 31.01.1988. S. 9.1−9.26.

[119]   Moncoffre, N.; Barnavon, T.; Tousset, J.; Fayeulle, S.; Guiraldenq, P.; Treheux, D.; Robelet, M.: **Nitrogen Implantation into Steels: Influence of Fluence and Temperature after Implantation.** In: Kossowski, R.; Singhal, S. C.: Surface Engineering. Surface Modification of Materials. Proc. NATO Advanced Study Institute on Surface Engineering, Les Arcs, France, July 3−15, 1983. Dordrecht; Boston; Lancaster: Martinus Nijhoff 1984. S. 148−157.

[120]   Barnavon, Th.; Jaffrezic, H.; Marest, G.; Moncoffre, N.; Tousset, J.; Fayeulle, S.: **Influence of Temperature on Nitrogen-implanted Steels and Iron.** In: Wolf, G. K.; Grant, W. A.: Procter, R. P. M. (Hrsg.): Proc. Fourth Int. Conf. on Surface Modification of Metals by Ion Beams, Heidelberg, September, 17−21, 1984. In: Mater. Sci. Eng. 69 (1985) S. 531−537.

[121]   Moncoffre, N.: **Nitrogen Implantation into Steels.** In: Grant, W. A.; Procter, R. P. M., Whitton, J. L. (Hrsg.): Proc. Fifth Int. Conf. on Surface Modification of Metals by Ion Beams, Kingston, ONT, Canada, July 7−11, 1986. In: Mater. Sci. Eng. 90 (1987) S. 99−109.

[122]   Rauschenbach, B.; Kolitsch, A.; Hohmuth, K.: **Iron Nitride Phases Formed by Nitrogen Ion Implantation and Thermal Treatment.** Phys. Status Solidi (a), appl. Res. 80 (1983) S. 471−482.

[123]   Hu, W. W.; Herman, H.; Clayton, C. R.; Kozubowski, J.; Kant, R. A.; Hirvonen, J. K.; McCrone, R. K.: Proc. Conf. Annual Meeting Mater. Res. Soc. Cambridge, MA: 1979. S. 92.

[124]   Goode, P. D.; Peacock, A. T.; Asker, J.: Rep. AERE R-10 696 (1982).

[125]   Beaven, P. A.; Butler, E. P.: Acta Metall. 28 (1980) S. 1349.

[126]   Jack, K. H.: Proc. Roy. Soc. Lond., Math. Phys. Sci. A 208 (1951) S. 216.

[127]   Pitsch, W.: Arch. Eisenhüttenwes. 23 (1961) S. 493.

[128]   Jack, K. H.: Proc. Roy. Soc. Lond., Math. Phys. Sci. A 195 (1948) S. 34.

[129]   Hutchings, R.: **The Subsurface Microstructure of Nitrogen-implanted Metals.** In: Wolf, G. K.; Grant, W. A.: Procter, R. P. M. (Hrsg.): Proc. Fourth Int. Conf. on Surface Modification of Metals by Ion Beams, Heidelberg, September, 17−21, 1984. In: Mater. Sci. Eng. 69 (1985) S. 129−138.

[130]   König, U.; Kolaska, H.; Ballhause, P.; Wolf, G. K.: **Ionenimplantation von Hartmetallen.** Teilbericht Krupp WIDIA GmbH des Abschlußberichtes an den BMFT zum Verbundvorhaben „Oberflächenvergütung durch Ionenimplantation". Berichtszeitraum: 01.02.1985−31.01.1988. S. 6.1−6.35.

[131]   Singer, I. L.: In: Hubler, G. K.; Holland, O. W.; Clayton, C. R.; White, C. W. (Hrsg.): **Ion Implantation and Ion Beam Processing of Materials.** Proc. Materials Research

Society Symp., Boston, MA, U.S.A., November 14−17, 1983, Vol. 27. New York: Elsevier Science Publishing Company 1984. S. 585.

[132]   Santos, C. A. dos; Baumvol, I. J. R.: **Nitriding of Steels: Conventional Processes and Ion Implantation.** In: Ryssel, H.; Glawischnig, H. (Hrsg.): Ion Implantation: Equipment and Techniques. Proc. Fourth Int. Conf., Berchtesgaden, September 13−17, 1982. Springer Series in Electrophysics. Vol. 11. Berlin; Heidelberg; New York; Tokyo: Springer 1983. S. 347−356.

[133]   Hartley, N. E. W.; Dearnaley, G.; Turner, J. F.; Saunders, J.: In: Proc. Conf. on Applications of Ion Beams to Metals. Albuquerque 1973. New York: Plenum 1974. S. 123.

[134]   Dearnaley, G.; Goode, P. D.: **Techniques and Equipment for Non-Semiconductor Applications of Ion Implantation.** Nucl. Instrum. Meth. 189 (1981) S. 117−132.

[135]   Herman, H.: **Modification of the Surface Mechanical Properties of Ferrous Alloys by Nitrogen Ion Implantation.** In: Ashworth, V.; Grant, W. A.; Procter, R. P. M. (Hrsg.): Ion Implantation into Metals. Proc. Third Int. Conf. on Modification of Surface Properties of Metals by Ion Implantation, Univ. Manchester, Inst. of Science and Technol., UK, 23−26 June, 1981. Oxford; New York; Toronto; Sydney; Paris; Frankfurt am Main: Pergamon 1982. S. 102−110.

[136]   Föhl, J.; Katerbau, K.-H.: **Transmissionselektronenmikroskopische und mikroanalytische Untersuchungen an N-ionenimplantierten Stählen und an Hartmetallen.** In: Projektleitung Material- und Rohstofforschung, Kernforschungsanlage Jülich (Hrsg.): Tribologie. Tagungsband zur 4. Präsentation Tribologie 1988. 3. und 4. Mai 1988, Koblenz. Übersicht über den Förderbereich Tribologie des Bundesministeriums für Forschung und Technologie (BMFT). S. 328−329.

[137]   Plaul, H.-U.; Grimm, W.; Chatterjee-Fischer, R.: **Wärmebehandlung von Stählen.** In: Spur, G.; Stöferle, Th. (Hrsg.): Handbuch der Fertigungstechnik, Band 4/2: Wärmebehandeln. München; Wien: Hanser 1987. S. 715−921.

[138]   Rose, P. H.: **A History of Commercial Implantation.** In: Ziegler, J. F.; Brown, R. L. (Hrsg.): Ion Implantation Equipment & Techniques. Proc. Fifth Int. Conf. on Ion Implantation Equipment & Techniques. Smugglers' Notch, Jeffersonville, VT, U.S.A., July 23−27, 1984. In: Nucl. Instrum. Meth. Phys. Res. B6 (1985) S. 1−8.

[139]   Ryssel, H.; Glawischnig, H. (Hrsg.): **Ion Implantation: Equipment and Techniques.** Proc. Fourth Int. Conf., Berchtesgaden, September 13−17, 1982. Springer Series in Electrophysics. Vol. 11. Berlin; Heidelberg; New York; Tokyo: Springer 1983.

[140]   EerNisse, E. P.: **Sensitive Technique for Studying Ion-Implantation Damage.** Appl. Phys. Lett. 18 (1971) 12, S. 581.

[141]   Hartley, N. E. W.: **Ion Implantation and Surface Modification in Tribology.** Wear 34 (1975) S. 427−438.

[142] Kluge, A.; Langguth, K.; Ryssel, H.; Leutenecker, R.: **Teilbericht Fraunhofer-Arbeitsgruppe für Integrierte Schaltungen des Abschlußberichtes an den BMFT zum Verbundvorhaben „Oberflächenvergütung durch Ionenimplantation".** Berichtszeitraum: 01.02.1985 − 31.01.1988. S. 3.1 − 3.57.

[143] Kubaschewski, O.; Alcock, C. B.: **Metallurgical Thermochemistry.** Oxford; New York; Toronto; Sydney; Paris; Frankfurt am Main: Pergamon 1979.

[144] Weast, R. C.; Astle, M. J. (Hrsg.): **CRC Handbook of Chemistry and Physics.** 60th Ed., Boca Raton, FL, U.S.A.: Chemical Rubber Publishing Company 1981.

[145] Edenhofer, B.; Trenkler, H.: **Einfluß der Nitrierdaten und der Stahlzusammensetzung auf die Härte von Nitrierschichten.** Härterei-Tech. Mitt. 35 (1980) S. 220 − 229.

[146] Edenhofer, B.; Trenkler, H.: **Beitrag zum Einfluß der Stahlzusammensetzung auf die Lage der Ac_1-Temperatur von Nitrierschichten.** Härterei-Tech. Mitt. 35 (1980) S. 175 − 181.

[147] Pearson, J.; Ende, U. J. C.: **The Thermodynamics of Metal Nitrides and of Nitrogen in Iron and Steel.** J. of the Iron Steel Inst. 175 (1953) S. 52 − 58.

[148] Jack, K. H.: **Nitriding.** In: Heat Treatment '73. London: The Metals Soc. 1975.

[149] Mittemeijer, E. J.: **Gitterverzerrungen in nitriertem Eisen und Stahl.** Härterei-Tech. Mitt. 36 (1981) S. 57 − 67.

[150] Pearson, W. B.: **A Handbook of Lattice Spacings and Structures of Metals and Alloys.** Band 1 und Band 2. Oxford; New York; Toronto; Sydney; Paris; Frankfurt am Main: Pergamon 1958 und 1967.

[151] Barin, J.; Knacke, O.: **Thermochemical Properties of Inorganic Substances.** Berlin; Heidelberg; New York: Springer 1973. S. 239.

[152] Mittemeijer, E. J.; Vogels, A. B. P.; Schaaf, P. J. van der: **Morphology and Lattice Distortions of Nitrided Iron, Iron-Chromium Alloys and Steels.** J. Mat. Sci. 15 (1980) S. 3129 − 3140.

[153] Habig, K.-H.: **Verschleiß und Härte von Werkstoffen.** München, Wien: Hanser 1980.

[154] Leutenecker, R.; Wagner, G.; Louis, T.; Gonser, U.; Guzman, L.; Molinari, A.: **Phase Transformations of a Nitrogen-implanted Austenitic Stainless Steel (X 10 CrNiTi 18 9).** In: Guzman, L.; Procter, R. P. M.; Wolf, G. K. (Hrsg.): Proc. Sixth Int. Conf. on Surface Modification of Metals by Ion Beams, Riva del Garda, Italy, September, 12 − 16, 1988. In: Mater. Sci. Eng. A115 (1989) S. 229 − 244.

[155] Hu, W.-W.; Clayton, C. R.; Herman, H.; Hirvonen, J. K.: Scr. metall. 12 (1978) S. 679.

[156] Haasen, P.: **Physikalische Metallkunde.** Berlin; Heidelberg; New York: Springer 1974.

[157] Hirvonen, J. K.: **Ion Implantation in Tribology and Corrosion Science.** In: Brown, W. L. (Hrsg.): Ion Implantation − New Prospects for Materials Modification. Proc. Symp. Amer. Vac. Soc., IBM Labs., Yorktown Heights, NY. 14 June 1978. In: J. Vac. Sci. Technol. 15(5) (1978) S. 1662 − 1668.

[158] Dearnaley, G.: **Adhesive and Abrasive Wear Mechanisms in Ion Implanted Metals.** In: Ullrich, B. M. (Hrsg.): Ion Beam Modification of Materials. Proc. Fourth Int. Conf. on Ion Beam Modification of Materials. Cornell Univ., Ithaca, NY, U.S.A., July 16 − 20, 1984. In: Nucl. Instrum. Meth. Phys. Res. B7/8 (1985) S. 158 − 165.

[159] Korycki, J.; Dygo, A.; Pietrak, R.; Turos, A.; Gawlik, G.; Jagielski, J.: **Relocation of Nitrogen Implanted into Steel due to Tribological Processes.** In: Campisano, S. U.; Foti, G.; Mazzoldi, P.; Rimini, E. (Hrsg.): Ion Beam Modification of Materials. Proc. Fifth Int. Conf. on Ion Beam Modification of Materials. Catania, Italy, 9 − 13 June 1986. In: Nucl. Instrum. Meth. Phys. Res. B19/20 (1987) S. 177 − 179.

[160] Feller, G. H.; Klinger, R.: **Tribologisches Verhalten von Stählen nach Stickstoffionenimplantation.** Z. Metallkde. 76 (1985) S. 214 − 218.

[161] Bowden, F. P.; Ridler, K. E. W.: **Physical properties of surface.** In: Proc. Roy. Soc. (London) A 154 (1936) S. 640.

[162] Woska, R.: **Einfluß der Zusammensetzung der Nitrierschicht auf das Mischreibungsverhalten.** Härterei-Tech. Mitt. 38 (1983) S. 10 − 17.

[163] Schröter, W.; Uhlig, W.; Alisch, G.: **Zum Verschleißverhalten nitridhaltiger Schichten.** Schmierungstech. 11 (1980) S. 9 − 15.

[164] Habig, K.-H.: **Reibung und Verschleiß von gehärteten, nitrierten und borierten Stahl-Gleitpaarungen in Luft und im Vakuum.** Z. Metallkde. 75 (1984) S. 630 − 634.

[165] Smidt, F. A.: **Recent Advances in the Application of Ion Implantation to Corrosion and Wear Protection.** In: Duggan, J. L.; Morgan, I. L.; Martin, J. A. (Hrsg.): Application of Accelerators in Research and Industry '84. Proc. Eighth Int. Conf. on the Application of Accelerators in Research and Industry. Denton, TX, U.S.A., November 12 − 14, 1984. In: Nucl. Instrum. Meth. Phys. Res. B10/11 (1985) S. 532 − 538.

[166] Montagu-Pollock, H.: **Härteprüfung bei Eindringtiefen im Submikrometerbereich.** Materialprüf. 29 (1987) 1/2, S. 22 − 23.

[167] Anon.: **Oberflächenanalyse: Die wichtigsten Verfahren.** Ing.-Werkstoffe 1 (1989) 7/8, S. 70 − 73.

[168] Döhl-Oelze, R.: **Oberflächenanalytik.** Ing.-Werkstoffe 2 (1990) 12, S. 33 − 39.

[169]   Hunger, H.-J. (Hrsg.), et al.: **Ausgewählte Untersuchungsverfahren in der Metall-kunde.** Leipzig: VEB Deutscher Verlag für Grundstoffindustrie 1983.

[170]   Sawicki, J. A.: **Status of Conversion Electron Mössbauer Spectroscopy in Ion Implantation Studies.** In: Wolf, G. K.; Grant, W. A.: Procter, R. P. M. (Hrsg.): Proc. Fourth Int. Conf. on Surface Modification of Metals by Ion Beams, Heidelberg, September, 17 – 21, 1984. In: Mater. Sci. Eng. 69 (1985) S. 501 – 517.

[171]   Singer, I. L.: **Surface Analysis, Ion Implantation and Tribological Processes Affecting Steels.** Appl. Surf. Sci. 18 (1984) S. 28 – 62.

[172]   Gräbener, Th.: **Entwicklung und Anwendung neuer Schmierstoffprüfverfahren für die Kaltmassivumformung.** Ber. a. d. Inst. Umformtech., Univ. Stuttgart, Nr. 71. Berlin; Heidelberg; New York; Tokyo: Springer 1983.

[173]   VDI-Richtlinie 3138. Bl. 2: **Kaltfließpressen von Stählen und NE-Metallen. Anwendung.** Berlin; Köln: Beuth Okt. 1970.

[174]   VDI-Richtlinie 3186. Bl. 2. **Werkzeuge für das Kaltfließpressen von Stahl. Gestaltung, Herstellung, Instandhaltung von Stempeln und Dornen.** Berlin; Köln: Beuth Jun. 1974.

[175]   VDI-Richtlinie 3186. Bl. 1. **Werkzeuge für das Kaltfließpressen von Stahl. Aufbau, Werkstoffe.** Berlin; Köln: Beuth Dez. 1971.

[176]   Ballhause, P.: **Modifikation von chemischen und mechanischen Eigenschaften metallischer Werkstoffe durch Ionenimplantation.** Heidelberg, Univ., Dr. rer. nat. Diss. 1990.

[177]   Brandis, H.; Haberling, E.; Weigand, H. H.: **Über den Einfluß von Stickstoff auf die wichtigsten Eigenschaften von Schnellarbeitsstählen.** Thyssen Edelstahl Tech. Ber. 4 (1978) S. 79 – 84.

[178]   Sidan, H.: **Nitrieren von Schnellarbeitsstählen.** Österr. Ing. Z. 13 (1969) S. 196 – 197.

[179]   Kubalek, E.: **Entmischungsvorgänge nach dem Nitrieren.** Härterei-Tech. Mitt. 30 (1975) S. 283 – 287.

[180]   Macherauch, E.: **Praktikum in Werkstoffkunde: Skriptum für Ingenieure, Metall- und Werkstoffwissenschaftler, Eisenhüttenleute, Fertigungs- und Umformtechniker.** Braunschweig; Wiesbaden: Vieweg 1981.

[181]   Schmidt, P.: **Riebensahm/Schmidt: Prüfung metallischer Werkstoffe.** (Fertigung und Betrieb. Fachbücher für Praxis und Studium; Bd. 4. Hrsg.: Determann, H.; Malmberg, W.). Berlin; Heidelberg; New York: Springer 1974.

[182] Benecke, W. et al.: **Tribologisches Verhalten Stickstoff-implantierter Stähle.** In: Tribologe: Reibung, Verschleiß, Schmierung. Dokumentation zu dem Forschungs- und Entwicklungsprogramm des BMFT. Hrsg.: Projektträgerschaft „Metallurgie, Werkstoffentwicklung, Rückgewinnung" des BMFT bei der DFVLR, Köln. Band 9: Oberflächenbehandlung, Abrasivverschleiß. Berlin; Heidelberg; New York; Tokyo: Springer 1985. S. 335 – 365.

[183] Dimigen, H.; Kobs, K; Leutenecker, R.; Ryssel, H.; Eichinger, P.: **Wear Resistance of Nitrogen-implanted Steels.** In: Wolf, G. K.; Grant, W. A.: Procter, R. P. M. (Hrsg.): Proc. Fourth Int. Conf. on Surface Modification of Metals by Ion Beams, Heidelberg, September, 17 – 21, 1984. In: Mater. Sci. Eng. 69 (1985) S. 181 – 190.

[184] VDI-Richtlinie 3143. Bl. 1. **Stähle für das Kaltfließpressen. Auswahl, Wärmebehandlung.** Berlin; Köln: Beuth Dez. 1975.

[185] DIN 1 013. Teil 1. **Warmgewalzter Rundstahl.** Berlin; Köln: Beuth Nov. 1976.

[186] DIN 50 942. **Phosphatieren von Metallen; Verfahrensgrundsätze, Kurzzeichen und Prüfverfahren.** Berlin; Köln: Beuth Nov. 1973.

[187] Oei, H. Y.: **Die Morphologie der Phosphatschicht beim Napfrückwärtsfließpressen.** In: Proc. Semin. Neuere Entwickl. i. d. Massivumform. Forsch.-Gesell. Umformtech. 2. – 3. 6. 1987. Stuttgart. S. 19.1 – 19.19.

[188] Schey, J. A.: **Tribology in Metalworking. Friction, Lubrication and Wear.** Metals Park, OH: Amer. Soc. f. Metals 1983.

[189] Nittel, K.-D.; Siemund, G.: **Bonderlube**® **Schmierstoffe für die spanlose Kaltumformung.** Firmenschrift der Metallgesellschaft AG. Geschäftsbereich Technische Verfahren, Oberflächentechnik. Frankfurt am Main: Metallgesellschaft 1982.

[190] Wiegand, H.; Kloos, K.-H.: **Der Kaltstauchversuch als Modellumformverfahren zur Erfassung der Reibungs- und Oberflächenvorgänge.** Werkstattstech. 56 (1966) S. 129 – 137.

[191] Kast, D.: **Modellgesetzmäßigkeiten beim Rückwärts-Fließpressen geometrisch ähnlicher Näpfe.** Ber. a. d. Inst. Umformtech., Univ. Stuttgart, Nr. 13. Essen: Girardet 1969.

[192] DIN 50 321. **Verschleiß-Meßgrößen.** Berlin; Köln: Beuth Dez. 1979.

[193] Kienzle, O.; Mietzner, K.: **Grundlagen einer Typologie umgeformter metallischer Oberflächen mittels Verfahrensanalyse.** Wissenschaftliche Normung, Band 7, hrsgg. von O. Kienzle. Berlin; Heidelberg; New York: Springer 1965.

[194] Ballhause, P.: **Entwicklung eines aktivierungsanalytischen Dünnschichtdifferenzverfahrens zur Verschleißmessung an ebenen Umformwerkzeugen.** Heidelberg, Univ., Dipl.-Arb. 1985.

[195] Kragelski, I. W.: **Reibung und Verschleiß.** Berlin: VEB Verlag Technik 1971.

[196] Hohmuth, K.; Richter, E.; Rauschenbach, B.; Blochwitz, C.: **Fatigue and Wear of Metalloid-ion-implanted Metals.** In: Wolf, G. K.; Grant, W. A.: Procter, R. P. M. (Hrsg.): Proc. Fourth Int. Conf. on Surface Modification of Metals by Ion Beams, Heidelberg, September, 17 – 21, 1984. In: Mater. Sci. Eng. 69 (1985) S. 191 – 201.

[197] Ziemann, P.: **Amorphization of Metallic Systems by Ion Beams.** In: Wolf, G. K.; Grant, W. A.: Procter, R. P. M. (Hrsg.): Proc. Fourth Int. Conf. on Surface Modification of Metals by Ion Beams, Heidelberg, September, 17 – 21, 1984. In: Mater. Sci. Eng. 69 (1985) S. 95 – 103.

[198] Hans, M.: **Mößbauerspektroskopische Untersuchungen der durch Ionenstrahlverfahren induzierten Phasenbildung von Bor, Titan und Silizium in Eisen- und Stahlsubstraten.** Heidelberg, Univ., Dr. rer. nat. Diss. 1991.

[199] Pers. Mitt. P. Ballhause.

[200] Pers. Mitt. K. Keller.

[201] DIN 4 762. **Oberflächenrauheit; Begriffe, Oberfläche und ihre Kenngrößen, identisch mit ISO 4287/1: 1984.** Berlin; Köln: Beuth Jan. 1989.

[202] DIN 4 768. **Ermittlung der Rauheitskenngrößen R_a, R_z, R_{max} mit elektrischen Tastschnittgeräten; Begriffe, Meßbedingungen.** Berlin; Köln: Beuth Mai 1990.

[203] Kragelski, I. V.; Dobyčin, M. N.; Kombalov, V. S.: **Grundlagen der Berechnung von Reibung und Verschleiß.** München, Wien: Hanser 1983.

[204] Chomjak, B. S.; Zozulja, V. F.: **Elektronenmikroskopische Untersuchung der Verschleißoberflächen von Kaltstauchwerkzeugen.** Übersetzung aus: Stanki i instrument (1973) 11, S. 27 – 29. Umformtech. 9 (1975) 4, S. 21 – 26.

[205] Brandis, H.; Haberling, E.; Weigand, H. H.: **Metallkundliche Betrachtung der Carbide in Schnellarbeitsstählen.** Thyssen Edelstahl Tech. Ber. 7 (1981) S. 115 – 122.

[206] Haberling, E.; Schruff, I.: **Zusammenstellung der Eigenschaften und Werkstoffkenngrößen des Schnellarbeitsstahles S 6-5-2 (Thyrapid 3343).** Thyssen Edelstahl Tech. Ber. 11 (1985) S. 99 – 109.

[207] VDI-Richtlinie 3138. Bl. 1: **Kaltfließpressen von Stählen und NE-Metallen. Grundlagen.** Berlin; Köln: Beuth Okt. 1970.

[208] Noack, P.: **Rechnerunterstützte Arbeitsplanerstellung und Kostenberechnung beim Kaltmassivumformen von Stahl.** Ber. a. d. Inst. Umformtech., Univ. Stuttgart, Nr. 48. Essen: Girardet 1979.

[209]   Charter, S. J. B.; Thompson, L. R.; Dearnaley, G.: **The Commercial Development of Ion Implantation for Steel and Carbide Tools.** Thin Solid Films 84 (1981) S. 355 – 360.

[210]   Dearnaley, G.: **The Treatment of Metal-Working Tools by Ion Implantation.** In: Tribology in Metal Working — New Developments. Proc. Conf. I Mech E HQ, 11 March 1980. Inst. Mech. Eng. London: The Metals Society 1980. S. 15 – 21.

[211]   Hulett, D. M.; Taylor, M. A.: **Ion Nitriding and Ion Implantation: A Comparison.** Met. Prog. 128 (1985) 3, S. 18 – 21.

[212]   Ballhause, P.: **Verschleißschutzschichten durch Sputter- und Ionenstrahltechnik.** Ing.-Werkstoffe 3 (1991) 11, S. 56 – 58.

[213]   Pers. Mitt. H. Ryssel und G. K. Wolf.

Berichte aus dem Institut für Umformtechnik der Universität Stuttgart

Herausgeber: Professor em. Dr.-Ing. Dr. h.c. Kurt Lange